千年城池
——可持续的中国古代城市形态研究

曾忠忠 著

中国建筑工业出版社

图书在版编目（CIP）数据

千年城池：可持续的中国古代城市形态研究 / 曾忠忠著. -- 北京：中国建筑工业出版社，2024.6.
ISBN 978-7-112-29923-2

Ⅰ.K928.5

中国国家版本馆CIP数据核字第2024QL7834号

责任编辑：段　宁　戚琳琳
责任校对：姜小莲

千年城池——可持续的中国古代城市形态研究
曾忠忠　著

*

中国建筑工业出版社出版、发行（北京海淀三里河路9号）
各地新华书店、建筑书店经销
北京点击世代文化传媒有限公司制版
建工社（河北）印刷有限公司印刷

*

开本：850毫米×1168毫米　1/32　印张：3⅞　字数：92千字
2025年1月第一版　2025年1月第一次印刷
定价：**32.00元**
ISBN 978-7-112-29923-2
（43032）

版权所有　翻印必究
如有内容及印装质量问题，请与本社读者服务中心联系
电话：（010）58337283　QQ：2885381756
（地址：北京海淀三里河路9号中国建筑工业出版社604室　邮政编码：100037）

前言

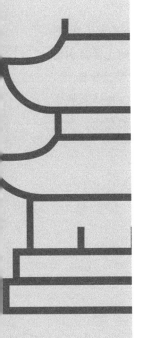

中国古城有着数千年的历史,不同历史朝代的城市记录了不同时期的城市规划设计思想。其中,有许多古代城市的规划设计手法对今天的城市规划依然有着借鉴的价值。关于中国古代城市形态的气候适应性的研究,对指导现代城市设计、创造和建设具有中国特色的现代化城市,对继承和发扬地域传统文化,以及弥补古代城市建设史的学科缺失都具有重要的理论意义。

目前,中国古代城市形态的研究主要在存于历史地理学、考古学以及建筑学领域。中国古代城市形态的研究,按照研究对象可以分为三个层次:个案城市形态的研究;类型、区域和断代城市形态的研究;从宏观角度对中国古代城市形态进行的综合研究。大多数学者对中国古代城市的研究偏重城市历史方向,而对于古代城市形态的气候适应性缺乏研究。

中国古代的风水理论,有着生态、气候方面的合理内涵,特别是在指导中国古代城市选址和布局方面。以风水思想指导的城市选址,

III

有朴素的辩证法与和谐的自然观。本书通过调查分析认为：强调坐北朝南的方位主要原因在于对阳光的接纳；负阴抱阳则是出于局地气候的趋利避害。

为了深入分析古代城市选址的气候合理性，作者采用训诂法等研究方法对历史文献资料进行了大量的调查和分析，认为古人在选择城址时最先需要考虑的因素之一便是城市的日照、通风等气候特征，辨别其对城市以后的发展所能起到的作用。所谓背山面水也正是从城市气候适应性的角度出发，逐步升华《周礼》中的尊卑等级、礼治秩序等特征。后来西周的礼制规划思想被突破，古代的城市规划则根据气候、地形等对方位朝向等做了变通处理。

对于古代城市水系的气候适应性考证，作者详细分析了天然河道与人工河渠结合而成的北魏邺城、隋唐长安和洛阳城等案例，也研究了由人工开凿而成的苏州城图的水系等案例，并基于气候适应性的角度分析了城市水系对于城市气候的积极作用。

为了研究古代城市布局的气候适应性，作者结合了大量案例，通过分析可以发现早期的城市规划显然考虑了城市的主导风向对城市布局的影响，许多古代城市的城市要素都具有气候适应性。

本书最后对气候合理性、基于气候适应性的城市选址和城市水系以及城市布局进行了总结，并试图从一个全新的视角，系统整理基于气候适应性的中国古代城市形态。

目录

前言 / III

第1章 绪 论 / 1

1.1 导论 / 2

1.2 现代城市化面临的困境 / 3

    1.2.1 环境污染 / 4

    1.2.2 能源匮乏 / 4

    1.2.3 气候变化 / 5

    1.2.4 城市热岛效应 / 6

    1.2.5 传统城市地域文化的流失 / 7

1.3 理论基础 / 8

    1.3.1 城市气候与城市气候学 / 8

    1.3.2 气候适应性 / 9

    1.3.3 城市形态学 / 9

    1.3.4 古代城市形态 / 10

1.4 研究方法 / 10

第2章 风水理论中城市形态与气候关系之考证 / 13

2.1 古代风水学概述 / 14
2.1.1 古代风水学的产生 / 14
2.1.2 风水理论的气候合理性 / 16

2.2 风水理论中的气候适应性 / 18
2.2.1 坐北朝南的方位确定与阳光接纳 / 18
2.2.2 负阴抱阳与对不利风的防御 / 19
2.2.3 风的控制与环境小气流的利用 / 21
2.2.4 对于水的重视 / 22
2.2.5 植被要素 / 23

2.3 小结 / 24

第3章 基于气候适应性的传统城市选址之考证 / 27

3.1 我国古代城市选址的学说 / 28
3.2 我国古代城市选址中的气候考虑 / 29
3.3 古代城市选址案例分析 / 32
3.4 小结 / 37

第4章 基于气候适应性的古代城市水系之考证 / 43

4.1 早期的城市水系相关理论 / 44
4.2 古代城市水系的气候适应性 / 45
4.3 案例分析 / 47
4.3.1 北魏都城邺城 / 47
4.3.2 拓跋魏的前期都城平城 / 49
4.3.3 隋唐都城长安 / 51
4.3.4 隋唐洛阳城 / 54

4.3.5　南宋平江 / 57
4.4　小结 / 66

第5章　古代城市布局与城市气候之关系考证 / 67

5.1　古代城市布局的基本理论 / 68
5.2　案例研究 / 69
　　　5.2.1　商代垣曲商城 / 69
　　　5.2.2　周原遗址 / 72
　　　5.2.3　临淄齐国故城 / 76
　　　5.2.4　后周开封城 / 79
　　　5.2.5　楚郢都 / 82
　　　5.2.6　郑韩故城 / 84
　　　5.2.7　燕下都 / 86
　　　5.2.8　秦成都 / 88
　　　5.2.9　鲁国故城 / 91
　　　5.2.10　东汉洛阳 / 92
　　　5.2.11　曹魏邺城 / 95
　　　5.2.12　襄阳古城 / 98
　　　5.2.13　北京城 / 99
5.3　小结 / 102

参考文献 / 103

后　记 / 115

第1章
绪 论

1.1 导论

城市是人类社会经济集中发展的产物[1][2]。我国古代城市的建设迄今已有 5000 多年的历史,历代建设的城市,从都城到一般州府县郡,有数千座。

我国古人对古代城市规划有很深入的研究,为我国古代城市的建设与规划作出了很大贡献。例如,墨子对筑城有一套理论,管仲对筑城也有自己的理论,隋朝长安城的设计者宇文恺、元大都的设计者刘秉忠等人对城市建设与规划都有独到的见解。

我国古代的城市,建城时间最早、形状又十分完整的,首推史前龙山文化藤花落古城遗址,这应当说是我国古代城池建设的一个开端。之后又发现商周时期的郑州商城。到春秋战国之时,各诸侯国分别建造都城,规模都比较大。从各国都城的遗址状况来看,城内规划比较清晰,宫殿区、作坊区都很明显,分区很明确。

先人总结过去建设的经验,写成《考工记》一书,其中有一幅王城图。该书为后人留下了重要的建城资料,成为后来人们建设城市的蓝本。后人在建城时,对于城池的形状、城门的数量、道路的设计、宫城的安排等都以《考工记》为蓝图。后人将《考工记》补入《周礼》之中,建城时遵循《周礼》,成为建城的一个原则,从此成为我国古代城市建设新的转折点。

从秦汉到南北朝,时值封建社会初期,在各地建设的许多城市,

---

[1] 王如松. 高效、和谐:城市生态调控原理与方法[M]. 长沙:湖南大学出版社,1988.

[2] 杨士弘. 城市生态环境学[M]. 北京:科学出版社,2003.

基本上都以《考工记》中的王城图为依据。此后，从隋唐至北宋时期，各地所建造城市，仍是以《考工记》中的王城图为蓝本规划建设，但同时也表现出了一些创造性的建设思想。

在唐代，长安城是当时世界上最大的城市之一，城池庞大，人口密集，城市分区采取里坊制度，建得非常整齐。为了防卫安全，每个街坊都建有坊墙，四面坊门早开晚闭，人们不能随便出入。

从北宋东京城开始，城市里出现了大量的商店、酒楼、货栈、餐馆以及各种店铺，大街上来往人员很多，街面非常繁华，改变了封闭的状态。这种建城风格一直影响到元明清。

在元明清时期，北京城采用大街小巷的布局，大街两边设有商店，车马通行。而建在东西巷子里的住宅，使城内居住的人格外安适。

如今当世界城市化进程不断加快，"文化同化"现象日益普遍，城市化面临着许多方面的严重问题，譬如环境恶化、能源短缺等。面对浩瀚的古代城市建设史料，作者不禁沉思：古人建设城市的历史经验是否能为今天的城市建设提供借鉴？中国古代的城市形态在整体上具有哪些特点？在面对这些最为基本，但又无法回答或缺乏明确答案的问题时，用"陌生"来形容当前我们对中国古代城市形态的气候适应方面的认识，似乎并不为过。

因此，有必要对中国古代城市形态进行分析和总结。在分析之前，首先简略介绍一下现代城市面临的困境和现状。

1.2 现代城市化面临的困境

全球范围内城市化进程在不断加快，城市人口自 20 世纪 90 年代以来增长迅速：1950 年世界城市人口约占总人口的 30%，而到

2007年城市人口比例已达50%，2023年达到56%。联合国经济和社会事务部发表的《全球都市化展望2022》报告表明，2015年全球城市人口约有39亿，占全球总人口的53.9%。到2025年，世界上的人口将达到70亿；到2050年，全球人口将再增加25亿。届时67亿人口将分布在城市中。其中，发展中国家的城市人口将占世界城市总人口的65.6%，发达国家的城市人口占86.6%。[①] 以中国为例，1980年城市人口占全国总人口的比例为19.4%，2000年为36.22%，预计到2050年将达到71.2%，如表1.1所示。城市化对气候影响是城市热岛的出现和温室气体排放，已经并将继续影响城市气候。

中国城市化人口状况　　表1.1

年份	1978	1980	1985	1990	1995	1999	2004	2010	2030	2050
城市人口比例（%）	17.9	19.4	23.7	26.4	29.0	30.0	41.8	50	70	71.2

1.2.1 环境污染

城市化导致城市人口骤增，生产集中破坏了城市原有生态系统平衡，环境质量下降，城市的聚集及规模的扩大，短期内超出城市作为生物有机体所能承受的最大限度，人的居住环境及生活水平下降，这种状况引起了普遍关注。

1.2.2 能源匮乏

伴随着环境问题及不可再生矿物质的大量开采，世界范围内普遍出现了能源短缺的局面。20世纪70年代，石油危机的爆发敲

---

① 杨士弘.城市生态环境学[M].北京：科学出版社，2003.

响了能源有限的警钟，世界人口的增多、城市化速度的加快加重了能源匮乏的局面。《2022中国建筑能耗与碳排放研究报告》显示，我国建筑能耗正持续快速上升，其所占全国建筑全过程能源消费总量的比重不断增加，从2018年的20.6%上升到2022年的45.5%。

如果仍以现在的速度使用大量不可再生资源的话，地球资源将在不久的将来消耗殆尽。由此，全球能源可持续发展将成为最大的热点和挑战。这种挑战在中国表现得尤为突出。我们必须寻找和开发可持续的新能源来满足需求的日益增长。

1.2.3 气候变化

伴随着资源有限与环境污染问题，气候也在逐渐变化。历史上，气候状况与生态问题息息相关，会引起一系列的生态反应。约7200年前，农业的出现加速了人类文明进程，从冰河时期向美索不达米亚文明的过渡中，气候变化造成许多中间文明的消失，其中包括玛雅文明。公元1000年前的中世纪时期，气候再次变暖，在15到18世纪又经历了欧洲冰冻低温时期；19世纪末，随着大量工业生产及温室气体排放的增加，地球温度继续升高，并带来了相应的环境问题。

在未来的100年内，预测地球温度将有2~3℃的大幅度上升，每十年温度平均将上升0.2~0.59℃。全球气候的变暖趋势无疑将对整个生态系统带来严峻的挑战。随着地球资源的逐渐匮乏，生态危机、环境污染等问题的暴露加强了人们对城市和建筑问题的各种思考，自然环境的逐渐消失引起人们对场所及气候敏感性问题的关注。

中国未来的气候变暖趋势将进一步加剧。2020年，全国年平均气温比常年高 0.7℃，为 1951 年以来第 8 个最暖年，2050 年将升高 2.3~3.3℃。全国温度升高的幅度由南向北递增，西北和东北地区温度上升明显。预测到 2030 年，西北地区气温可能上升 1.9~2.3℃，西南地区可能上升 1.6~2.0℃，青藏高原可能上升 2.2~2.6℃。2021 年，全国平均降水量较常年值多 6.7%，其中华北地区平均降水量为 1961 年以来最多，而华南地区平均降水量为近 10 年最少，未来 50 年中国年平均降水量将呈增加趋势。

1.2.4 城市热岛效应

城市化指数的年际变化与城市热岛强度的年际变化非常相似，都具有明显的线性关系。相关研究表明，房屋竣工面积每增加 100 万平方米，北京城市的热岛强度增加 0.04℃，或当北京城市基本建设投资总额每增加 100 亿元人民币，北京城市中心区温度要比其远郊区高出 0.16℃。[1]

研究表明[2]，城市不断"摊大饼"一样的扩大以及农村人口向城市集中，导致城市热岛现象严重，对城市生态环境的影响也是多方面的。

根据美国能源部数据，每年美国为缓解热岛效应要多花费高达 100 亿美元的能源成本。[3] 热岛效应促使城市用于空调运转的耗能量上升，从而导致温室气体排放大量增加，温室气体排放又直

---

[1] 王如松. 高效、和谐：城市生态调控原理与方法 [M]. 长沙：湖南大学出版社，1988.

[2] 杨士弘. 城市生态环境学 [M]. 北京：科学出版社，2003.

[3] 蒋敏元，陈继红. 城市化与城市的可持续发展 [J]. 东北林业大学学报，2003，31（2）：52-53.

接加速全球变暖，气温进一步上升反过来又加重热岛效应，这两者之间已经形成了恶性循环的关系。

研究表明[①]，城市形态影响城市气候，且城市气候和城市形态相互关联，城市热岛效应就是城市形态可以影响城市气候的最好说明。

热岛效应是由于人们改变城市地表而引起小气候变化的综合现象，在冬季最为明显，夜间也比白天明显，是城市气候最明显的特征之一。气候条件是造成城市热岛效应的外部因素，而城市化才是热岛形成的内因。城市高密度的建筑群在向城市空间排热的同时，也降低了气流的运动速度，是导致城市热岛效应的主要原因。城市所在区域的风环境及城市边界气流状况是影响城市热岛效应的又一重要因素。

随着世界人口和城市能耗的不断增加，以及人们对热岛效应的日益重视，研究城市气候和城市形态之间联系的重要性正在逐渐得到加强。

1.2.5 传统城市地域文化的流失

如今，随着城市化进程的加快，许多城市低层次地照搬西方的城市规划理论，中国本土的优秀城市文化正在丧失，城市"千城一面"，缺乏个性。

对此，吴庆洲先生认为出现这种状况有两种原因[②]："一是由于

---

① 武涌.关于中国建筑节能现状、问题及政策建议[R].China：Chongqing. International Conference in Sustainable Developmenton Building and Environment.set2. 2003-10.

② 王如松.高效、和谐：城市生态调控原理与方法[M].长沙：湖南大学出版社，1988.

规划师、建筑师不十分了解我国城市的过去,也没有结合国情来运用西方的规划理论,只是盲目效仿。即亚洲的'建设者自信不足,不了解却迷信西方文化,盲目地崇拜和模仿西方建筑,而不珍惜亚洲自己的文化。'二是中国古城营建的哲理、学说和历史经验,尚有待总结,才能给城市规划师、建筑师和有关决策者、建设者和管理人员参考运用。"

有着良好适应性的传统城市和聚落在由自然生态环境、历史人文环境、社会生态环境组成的复合生态系统中展现出勃勃生机。对于古代城市形态的气候适应性的研究,将加深对地域文化的理解,延续"历史传统",是避免出现城市同化的有效途径。

本书试图从建筑学和城市设计的角度,研究古代城市形态与城市气候之间的规律。通过本书的研究,希望挖掘古代城市形态的气候适应方面的历史经验,继承和发展中国数千年来古代城市形态所体现的东方文化的优秀精华,探寻一条中国城市发展的本土化道路。

中国古代城市形态的气候适应性之研究,有理论研究价值和指导城市规划、城市设计的实践意义。从创造和建设具有中国特色的现代化城市角度出发,积极探索适应气候的城市设计对策在创造适宜的城市空间环境的同时,也使得地域传统文化特色得到继承和发扬光大,并且在弥补古代城市规划史的学科缺失方面,都具有重要的理论意义。

1.3 理论基础

1.3.1 城市气候与城市气候学

城市气候是在区域气候的背景上,经过城市化后,在人类活动影响下形成的一种局地气候。[①] 目前关于城市气候有两种不同的说法,一种认为城市气候是指城市作为一个整体在其影响下所形成的气候,属于"中观尺度",即"城市边界层"的气候;另一种说法则认为"中观尺度"和"小尺度"含义模糊,水平和垂直尺度都不十分明确,故用局地气候来表示。本书采用第一种定义。

城市气候学是以城市气候为研究对象,研究城市气候的现象、机制及改善途径的科学。研究的基本内容为人类活动能够施加影响的城市下垫面。城市下垫面的特性是由街道的体系结构和高宽比,建筑物的高度和组合模式,建筑和路面材料的性质等城市空间形态的要素决定的。因此,城市形态既是城市设计的研究对象又是以城市下垫面为主要研究对象的城市气候学研究的基本内容。

1.3.2 气候适应性

气候适应性指对气候适应的能力和特性。有气候适应性的城市规划设计和建筑设计有利于改善城市气候。

基于节能的城市设计方法都不可避免地需要涉及对城市形态的研究。本书主要研究在城市尺度量化城市空间形态指标对城市能耗(城市气候)的影响。通过对形态指标的设计和控制,提高城市环境的整体效益。

1.3.3 城市形态学

城市形态学(urban morphology)是一门跨学科课题,诸如经济学、社会学、生态学、城市规划等学科,都在各自领域有

[①] 王如松. 高效、和谐:城市生态调控原理与方法 [M]. 长沙:湖南大学出版社,1988.

很多定义、理论假设和研究模型。[1] 城市形态学在英文文献中有 urban morphology，urban fabric，urban texture，urban form，urban configuration，urban geometry，urban landscape 等。城市形态学即为运用形态的方法分析与研究城市的社会与物质等形态问题的学科。[2]

本书研究的"城市形态"是从城市气候的角度进行定义。主要表述为城市的几何形状，形态特征等。研究的基本问题为城市的形式和结构与其气候之间的关系。

1.3.4 古代城市形态

古代城市形态在本书中被定义为"一门关于在古代城市活动的作用力下的城市物质环境的演变学科"。本书所谈论的古代城市形态为一个狭义范畴的城市形态，主要指城市可见的、物质的形态，以及由物质形态构建的空间形态。

1.4 研究方法

1）本书理论上沿着中国本土建筑学、考古学、地理学的研究方向，结合中国古代城市的选址与规划布局，并在几千年的时间轴上比较和分析，大胆探索古代城市中的气候适应性因素，深入发掘古代城市设计的传统精华。

2）本书在研究方法上，以调查分析第一手历史文献资料为论

---

[1] 杨士弘.城市生态环境学[M].北京：科学出版社，2003.

[2] 蒋敏元，陈继红.城市化与城市的可持续发展[J].东北林业大学学报，2003，31（2）：52-53.

据，结合新的考古发掘资料和研究成果，进行基于气候适应性的系统的研究和总结，因而与此前的古代城市研究有着完全不同的视野和角度。

3）本书充分发挥历史学在文献和空间布局相结合方面的优势，试图找寻古代城市发展演替的客观规律，力图突破旧的研究思路的一些盲点，通过分析论证来回答古代城市选址与规划布局中的一些基于气候角度的"为什么"，并将新的研究成果用图的形式直观地表述出来。

4）各种可信的古代城市实测平面图中隐含着一些或许尚未被人解读的信息，在图上搞清其分布现状，用今天的城市区位和城市规划理论等分析其分布规律，从图上发现问题，最后给予合理的解释或推测。

第 2 章
风水理论中城市形态与气候关系之考证

"风水"在广义上是指影响人类居住区域的所有因素总和，主要包含的是一个地域的地形、水文、气候、植被、道路、河流等各种自然环境因素。"风水学"的概念是对这些综合自然环境因素的评估和比较，并挑选出最适合自己居住地域的方法与理论。虽然在长久的历史演变中，"风水"被逐渐歪曲成一种"迷信"，但究其源，中国古代风水学对居住环境条件的选择的方法和理论，是中国人民长期的观察和总结，本书所讲的是其理论性和科学性。

2.1 古代风水学概述

2.1.1 古代风水学的产生

"风水"二字源于晋代郭璞著的《葬经》："气乘风则散，界水则止；古人聚之使不散，行之使有止，故谓之风水。"

"风"是自然晃动的现象，空气的流动形成风，"水"是指大自然中的山谷溪涧、河流、湖泊、海洋。古代的风水学，有"藏风得水"之意，概括为对山川地理环境、地质、水文、生态、小气候及环境动态规律的总称。风水学又称"堪舆学"，"堪"指天道、高处；"舆"指地道、低处。堪舆和风水都是以当时"阴阳五行"的有机论、自然观为基础，把当时的天文、气候、大地等观念引进相地术之中。风水理论在中国古代聚落、房屋与陵墓的选址、建设中起到了很重要的指导作用。

《葬经》的核心是："葬者,乘生气也。"何为"生气"？《葬经》曰："阴阳之气，噫而为风，升而为云，降而为雨，行乎地中，发而生乎万物。"

又曰："气行乎地中，其行也，因地之势；其聚也，因势之止。丘垄之骨，岗阜之支，气之所随。经曰：气乘风则散，界水而止。

古人聚之使不散，行之使有止，故谓之风水。风水之法，得水为上。藏风次之。"

古人认为宇宙是由"气"生成的。这种认识来源于对人体自身的呼吸现象的观察，人有气则活，无气则死。由此推而广之，认为世上万事万物均是气的生化结果，天上的星辰、地上的五谷、国家的兴衰、人的福祸夭寿等无不与气有关。因此，城市的门作为"气口"来处理，其要旨是吸纳山川的灵气，藏风聚气，而千万不能泄气、漏气、充气。

明代徐善继、徐善述的《地理人子须知》云："地理家以风水二字喝其名，即郭氏所谓葬者乘生气也……总而言之，无风则气聚，得水则气融，此所以有之名。"

选一块好地的关键就是把握生气的运行规律，找到生气凝聚之所——"穴"。这样一来，风水不仅理论上具有经典性、权威性，而且具有很强的操作性。

风水理论大致可分为两个流派：一是形势派，着重对建筑外部自然环境的选择；二是理气派，注重建筑方位、朝向和布局。堪舆家们在选择吉地时的一般次序是"先看水口，次看野势，次看山形，次看土色，次看水理，次看朝山朝水"六项，察看地理环境的五个要素："龙、穴、砂、水、向"。通过对各种自然地理因素的研究分析，找出有利于居住的环境。这两个流派的风水学说，其中都蕴含了一定的、经过千百年实践总结出的对于环境气候利用的经验。

东汉许慎认为："堪，天道；舆，地道"。堪舆就是研究"天地之道"的学问。司马迁说："夫春生夏长，秋收冬藏，此天道之大经也，弗顺则无以为天下纲纪。故四时之大顺，不可失也。"（《史记·太史公自序》）

堪舆的宗旨是"法天地,象四时",以当时有机论自然观为基础,把人类赖以生存的大地看作是一个有经络和穴位、可以感应和新陈代谢的不断循环的有机体,强调宇宙自然与人类的和谐统一。在天道与地道之间,堪舆似乎更注重对天道的感应与附会,后逐渐发展成为风水的"理气宗"。

班固《汉书·艺文志》云:"形法者,大举九州之势以立城郭室舍形……以求其声气贵贱吉凶"。

就是考察山川地理形势,辨明地形阴阳、刚柔、高下、聚散,分析其区位与方向,择其形胜之处因势随形而营国立都、筑室安居的环境评价系统。在天道与地道之间,形法似乎更注重对地理形势(地道)的考察,后逐渐发展成为风水的"形势宗"。

古代哲学包括太极一元论、阴阳二元论、五行说天人合一都有对城池规划产生深刻的影响,陈宏、刘沛林对此总结如下:

a)对龙脉的要求;

b)对周围形局的讲究;

c)对水流的选择;

d)对安全防御的考虑。

2.1.2 风水理论的气候合理性

中国古代的风水理论是环境选择的学问,有着生态、气候方面的合理内涵,特别是在指导中国古代聚落选址和布局方面。中国科学院院士陈述澎在他的《遥感大辞典》一书中给"风水"一词的现代诠释为"局地小气候"。而风水学中的"天堑煞",是指在两座高物之间的隙缝中,风疾气不聚,鸟不作巢,人不可居。这与现代城市高层建筑之间的巷道风、"狭管效应"的原理类似。

风水理论强调聚落选址要"相其阴阳向背,察其山川形势",

以臻天时、地利、人和诸吉皆备，达到"天人合一"的境界。其所倡导的最重要原则为"枕山、环水、面屏"，就是要前有朝山，后有来龙山，有形为狮象或龟蛇的山夹峙把守水口，河水似玉带环绕，即所谓"左青龙，右白虎，前朱雀，后玄武"。从小气候原理来考察，"枕山、环水、面屏"的思想与北方聚落的选址思想一致，其目的是选择一处避风、向阳又靠近水源的场所来建造家园，其中关注的气候要素主要是对于风和阳光的接纳和抵御。

黄河流域是中华文明的发祥地。黄河流域位于北半球中纬度，背靠世界上最大的大陆——亚欧大陆，面临世界上最大的大洋——太平洋，具有季风气候显著、四季分明的特点。而古代中华文明的本质是一种农耕文明，对阳光、水资源和土地资源具有很强的依赖性。因此，堪舆的许多原则和模式都有其自然地理基础，比如坐北朝南，北面有高山阻挡冬季的寒风，选择"汭""澳"之位的临水布局等等（图2.1）。

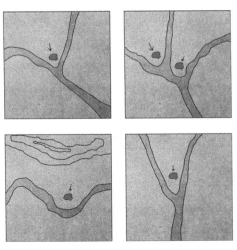

图2.1 居"汭"与"澳"的住址选择示意图

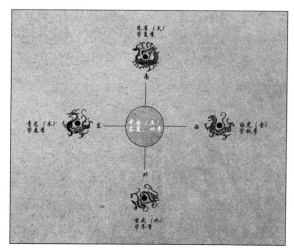

图 2.2　季节、方位、色彩与四象关系图

《易经》应用于环境评价，产生了中国本土地理学系统——堪舆之说，它是用阴阳五行宇宙观来解释山川地理环境，研究"气""势""理""形"和地脉、王气、水脉等理论与概念。认为天、地、生、人系统是互相影响、互相制约的有机整体，认为山川大地、地理环境也是有生命的活体，也有穴位、经络，也有呼吸之气，地也有肺，因此城市、村落的选址布局必须合乎阴阳，顺应四时的变化规律，强调"天人合一""天人感应"（图 2.2）。

2.2　风水理论中的气候适应性

2.2.1　坐北朝南的方位确定与阳光接纳

早在远古，人类就已懂得山坡的南面冬暖夏凉，宜于居住。"北为阴，南为阳"，坐北朝南既符合了负阴抱阳的风水观念，也符合我国具体的地理环境条件。由于我国陆地大部分位于北回归线以北，一年四季的阳光都从南方来，建筑朝南就便于获取阳光，因此正确选择朝向是改善微气候的首要因素。古人对于朝向的这种选择是有科学依据的。为了给封建等级制度服务而衍生出的南尊北卑其实就是由气候环境影响的心理因素决定的。

2.2.2 负阴抱阳与对不利风的防御

《管子·乘马 第五》提到："春秋冬夏，阴阳之推移也；时之短长，阴阳之利用也；日夜之易，阴阳之化也。"大意是春夏秋冬是阴阳的推移，农时长短是阴阳的作用。他明确指出阴阳二气的相互作用推动了四时寒暑的更替和日夜的长短变化。阴阳的原始概念即日光的向背。

从中国所处地理环境的特点来看，中国常年盛行的主导风向对风水模式的形成影响很大。中国的主导风向一个是偏北风，一个是偏南风。偏南风是夏季风，温暖湿润，有和风拂煦、温和滋润之感；偏北风是冬季风，寒冷干燥，且风力大，有凛冽刺骨、"主杀"伤筋之感，因此避开寒冷的东北风就成为古代中国人普遍重视的问题。《黄帝内经》中"九宫八风"的规律，就是古代中国人对风进行长期观察的结果。《黄帝内经》是一部中医学著作，其八风的名称是以是否风寒伤人为标准的。由于春风和煦，故称之"婴儿风"；夏季风暖湿，故称之"弱风"或"大弱风"；秋风强劲，故称之"罡风"；冬季风寒冷凛冽，故称之"大罡风"或"凶风"。其风与方位的排列表明，西面是罡风，北面是大罡风，东北面是凶风，西北面是折风，这些较强劲的风均需在地形上有挡避；而东、东南、南、西南各方之风均属人体能接受的"弱风"类，故而不需全面挡护，地形可以稍微敞开。《吕氏春秋·有始览》对"八风"的认识主要是从风的大小和寒暖方面来说的，书中说："何谓八风？东北曰炎风，东方曰滔风，东南曰熏风，南方曰飓风，西南曰凄风，西方曰飂风，西北曰厉风，北方曰寒风。"

其中所说的北方的寒风、西北的厉风、西方的飂风、西南的凄风等，均是寒冷之风，需要抵挡才行。《葬书》在论葬地环境时说："外藏八风，内秘五行。"说明风水中也早有了八方之风的概念。因此，中国古代风水模式中北、西、东三面环山，而南面略微敞开的环境模式的形成，是与八方之风的认识密切相关的，从这一点可以窥见古代风水模式的某些合理内核。

中国古代对风的认识，在殷代已很明确。甲骨文记载了四方风的情况：

"东方曰析，凤曰协。南方曰夹，凤曰微。西方曰夷，凤曰彝。北方曰宛，凤曰伇。"（胡厚宣《甲骨文四方风名考》）

此篇甲骨文中的"凤"即"风"，这从后来的《山海经》中可得到印证：

"东方曰析，来风曰俊。"（《大荒东经》）

"南方曰因乎，夸风曰乎民。"（《大荒南经》）

"有人名曰石夷，来风曰韦，处西北隅……。"（《大荒南经》）

"北方曰，来之风曰，是处北极隅……。"（《大荒北经》）

可能作于殷末周初的《周易》，其八卦代表了人们对自然界八种事物的认识，这就是：天（乾）、地（坤）、雷（震）、火（离）、风（巽）、泽（兑）、水（坎）、山（艮），其中就包括对"风"的认识。

《史记·律书》所记八方与前面提到的《内经》九宫八风有许多相近之处，不过它是以阴阳二气在不同方位的消长情况来论的。《史记·律书》记载：

"不周风居西北。主杀生。"

"广莫风居北方。……东至于虚,……言阳气冬则宛藏于虚。"

"阊阖风居西方。阊者,倡也;阖者,藏也。言阳气道万物,阖黄泉也。"

"条风居东北,主出万物。"

"凉风居西南维,主地。"

"景风居南方。景者,言阳气道竟,故曰景风。"

"明庶风居东方。明庶者,明众物尽出也。"

"清明风居东南维。主风吹万物而西之。"

可见,在很久以前,古代中国人就认识到了所处地理环境下不同方向风的属性,并因此进行挡风聚气的选择。

古人认为在六邪之中,风为百病之长,邪中之最,其他五邪都是乘风而来,因而在聚落选址和住宅设计中,特别注意防范风邪的入侵。清末何光廷的《地学指正》中说:"平原原不畏风,然有阴阳之别。向东向南所受者温风、暖风,谓之阳风,则无妨;向西向北所受者凉风、寒风,谓之阴风,宜有近案遮拦,否则风吹骨寒"。由此看来,我国的先民对于风方向的季节变化,以及风的冷暖与人体的舒适关系有了很深的认识。

2.2.3 风的控制与环境小气流的利用

在风水理论中十分重视"风",对风的分析有:"辨风、藏风、乾风、风口"等说。风水学强调藏风纳风,认为风是给人带来财富、兴旺的源泉,因而强调聚风。在这一点上,风水学的"风"与气候学上讨论的"风"从严格意义上讲有一定的区别。

在风水学中,通过分辨风的类型、方向及其带来的影响,兴利除弊,来形成聚落良好的风环境,具体措施包括利用北向高耸山地冬季阻挡西、北风,利用南向平坦坡地夏季引风纳凉,风口不宜建住宅等。

2.2.4 对于水的重视

水是生命之源,《管子·度地》曰:"水者,万物之准也","诸生之淡也";《管子·水地》云:"水者,地之血气,如筋脉之通流者也"。

古人把江河水系比作大地的血脉。水是聚落发展的"命脉",水具有川流不息和地动的特点,历来在聚落选址中,水的考虑是第一位的。水不仅是聚落中人、畜生活的必要条件,还可以起到灌溉、交通、防火、防卫等作用。同时,水体具有的气候调节作用,这也早被古人所认识。

风水学认为水由生气化生,"气者,水之母;水者,气之子"(《水龙经·气机妙运》)。

传统城市选址面水而居的思想,从局地小气候调节的角度分析具有一定的道理。风水学中对于水的重视,是符合气候学规律的。大面积的水面在夏季,由于温度的差异,会产生适宜的微风,即所谓的"水陆风"。这种微风对于调湿、聚落夏季降温是很有好处的。我国的传统聚落多依水而建,在没有条件时,依靠在村中或村边开挖水塘来弥补。

例如,我国福建客家民居,虽以封闭的土楼著称,但楼门前常常设一水塘,既有改善小气候的心理与生理功能,又有养殖和辅助灌溉之功效,更有农家干脆将土楼大门正对水田(图 2.3)。

而在风水学上堪称典范的皖南传统村落——宏村,其水系图就体现了风水理论所说的"吉地不可无水","风水之法,得水为上"。在村中人工挖出水塘,既有风水上的考虑,也在夏季降温方面具有重要作用。

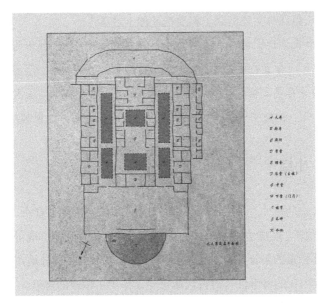

图 2.3　福建大夫第土楼平面图

2.2.5　植被要素

风水学认为生机之气的好坏首先反映在林木植被上,土厚林深,郁草茂林,必定有好的生气,这是兴旺之地的象征。用地附近林木茂盛,不仅为城市生产建设、生活提供了大量的物质资料,也说明了附近的环境状况适于生物的生长,具有良好的水土条件。从气候的角度分析,生长茂密的林木还具有调节气温、净化空气、抵御寒风的作用,能够为聚落气候的调节带来益处。

《管子》主张"错国于不倾之地",即城市要建于地理环境良好、地质土质宜于建设之地。春秋时期韩献子主张迁都新田,因"新田土厚水深",伍子胥"相土尝水",这些都是注意地理地质环境科学的例子。郭璞还进一步使用了称土的办法,这可以说是一个创举,他采用了科学实验的方法。

《法苑珠林》还记载了郭璞选址称土之事[①]：

"晋氏南迁，郭璞，多闻之士，周访地图云：此荆楚旧为王都，欲于硖州（今宜昌）置之，嫌逼山，遂止，便有宜都之号。下至松滋，地有面势都邑之像，乃掘坑称土，嫌其太轻，覆写本坑，土又不满，便止。曰：昔金陵王气，于今不绝，因当经三百年矣。便都建业。"

2.3 小结

科学的风水思想以传统哲学的阴阳五行为基础，糅合了地理学、气象学、景观学、生态学、心理学以及社会伦理道德方面的内容，具有其朴素的辩证法与和谐的自然观。以风水思想指导城市选址，具有其内在的科学性，对古代城市建设作出了积极的贡献。

古人择居，坐北朝南，深谙我国地理之奥秘。此方位选择，实乃顺应自然之举。因建筑朝南，阳光之光辉得以充分洒落，温暖室内每一个角落。随着时间的推移，这种居住习惯衍生出了南尊北卑等封建礼仪，彰显出古人对方位的敬畏与尊重。

在风水学的世界里，风的类型与方向亦被悉心分辨。通过精准把握风的影响，古人巧妙地营造出宜人的风环境。他们善用地形之利，冬季时巧妙布局以阻挡西、北之寒风，而在南向的平坦坡地，则巧妙引导夏季之风，带来丝丝清凉。如此智慧，实乃古人对自然环境的深刻洞察与和谐共生的智慧体现。

风水学中对于水的重视，是符合气候学规律的。水体对于聚

[①] 形胜与相土一样是我国古代城市重要的立地观，如《荀子·疆国》曰："其固塞险，形势变，山林川古美，天材之利多，是形胜也"。即将形胜环境特征归结为地势险要、便利，林水资源丰富，山川优美壮丽等。

落调湿、解决夏季降温是很有好处的。我国的传统聚落多依水而建，在没有便利的地理条件时，则人工挖掘来弥补。

风水学深谙自然之道，认为城市或聚落周边林木的繁茂，不仅是城市建设与生活所需的宝贵资源，更是环境优越、水土丰饶的明证。这些林木，如同自然的守护者，以其茂密的身姿为城市带来诸多益处。从气候的维度来看，它们宛如天然的空调与净化器，能够调节气温、净化空气，为城市抵挡寒风的侵袭，为聚落的气候调节贡献不可或缺的力量。它们的存在，不仅美化了城市的风景，更为人们的生活带来了舒适与安宁。

部分学者认为"风水学是中国历史悠久的一门玄术""风水学是国家的传统文化之一"，把"风水学"改说成"建筑风水学"，诸如此类将唯心主义的"风水学"附于现代科学技术的建筑学的言论缺乏理论思想。玄学的"风水学"饱含唯心迷信思想，寻求的是一种心理安慰，将其用于趋吉避凶，更不是一种科学。

虽然现在有众多对传统"风水学"批评的言论，但作为影响了古代几千年的理论，其还是存在着一定的合理性。元代以前的风水学说是一门较为理性的选址学科，但从元代开始，尤其是明清时期加入了很多臆想的成分。尽管在科学上不能一一验证风水理论的合理性，但是其尊重自然，追求天人合一、人与自然协调发展，努力创造和谐、宜人的居住环境的观念，对今天的城市规划和建筑设计仍有着很多启发。

第 3 章
基于气候适应性的传统城市选址之考证

3.1 我国古代城市选址的学说

我国古代地利说的代表作是《管子》,这是注重环境、因地制宜的求实用的思想体系。《管子·乘马》里主张,城市规划布局应该:"凡立国都,非于大山之下,必于广川之上。高毋近阜而用水足,下毋近水而沟防省";"因天材,就地利。故城郭不必中规矩,道路不必中准绳";"故圣人之处国者,必于不倾之地,而择地形之肥饶者,乡山,左右经水若泽,内为落渠之泻,因大川而注焉。乃以其天材、地之所生,利养其人,以育六畜。天下之人,皆归其德而惠其义。此所谓因天之固,归地之利。内为之城,城外为之廓,廓外为之土。地高则沟之,下则堤之,名之曰金城。"即在建城选址时注意水利、交通、军事防御、地质、气候、防灾等,《管子》在诸方面均有详细而科学的论述。这种结合具体环境的选址地利说,进一步加以发展形成了能切实指导实践的相土、形胜[①]和风水说。

对于我国古代城市选址的各种学说和思想,吴庆洲(2000)[②]总结为:象天说、择中说和地利说。"象天法地"的代表《吴越春秋》中记载[③]:"子胥乃使相土尝水,象天法地,造筑大城。周回四十七里。陆门八,以象天之八风。水门八,以法地八聪。"从秦汉至明清,"象天法地"规划意匠,一直是古代城市选址和规划的

---

① 形胜:古代指地理区位与自然环境优势,尤指地势或战略地位方面。
② 吴庆洲. 中国古城选址与建设的历史经验与借鉴 [J]. 城市规划 .2002,(9):31-36。
③ 《吴越春秋》卷四,"阖闾内传"。

重要思想。择中说，主要体现在礼制的《周礼·考工记》中《匠人》营国制度的思想体系。地利说，就是在选择城址时考虑地理因素、自然环境，在利于生产、生活、生存的地理条件之地建城，是为选址的地利说。

我国古代众多的城市和聚落选址学说和论著，都是在"天人合一"的思想基础上，通过对长期建设经验的总结和归纳而形成的。这种以整体观念选择城市环境的方式，表现出中国古人朴素的生态环境观。通过对其分析和研究，可以发现其具有气候的合理性。

3.2 我国古代城市选址中的气候考虑

中国古代十分重视城市的营建和迁徙。中国古代记录城址选择的过程和原理，最早可追溯到《诗经》里所记载的先周时期。《诗·大雅·公刘》篇描述周文王的十二世祖先——公刘，在公元前15世纪带领着族人迁徙移居豳地（今陕西旬邑县西南）的经过。诗大意是：温良忠厚的公刘登上巘山，仔细察看地形的起伏和水源状况，看见山之南有百泉流过，土地肥沃，而且地形开阔。于是他设立圭表、景尺测量太阳的影子以定方位，"相其阴阳，观其泉流"，认定这里山环水绕，北有高大的巘山阻挡冬季凛冽的北风，两侧泉流潆绕，不虞水旱之灾，非常适合农耕和定居生活，是理想的营建城邑之地。于是公刘进一步作了规划，划定居民区和农田的范围，确定码头位置等。优越的自然环境，成功的城址选择和规划布局，吸引了四面八方的居民，不久在皇溪两岸，从过溪之源迁居归附的百姓越来越多。

公刘带领周人的这次迁徙，说明周人在人口增多的发展形势下,需要寻找更理想的地理环境满足部族进一步的发展。公刘的选址,已经在对阳光、气候、地形等的直观认识基础上,已经形成了阴阳的概念,就是山的南面能接受太阳光直射的为阳、引申后就形成了高处为阳,低处为阴,形成山阳水阴的理念。此则记录充分说明了先人在选择城址时会优先地考虑山水形式及气候特征,辨别其对城市以后的发展所能起到的作用。

又有《释名》云①:"宅,择也,言择吉处而营之也。"

古代对宅居环境的全面解释来源于《黄帝宅经》,形象生动地论述了民居与环境间的有机关系②:"宅以形势为骨架,以泉水为血脉,以土地为皮肉,以草木为毛发,以屋舍为衣服,以门户为冠带,若得如斯,是事俨然,乃为上吉。"其主要理论是居住环境如同人体一样是个有机体,各部分间应相互协调,只有保证各部分都正常,环境才是理想的。对于城市的选址,要"相其阴阳之和",追求城市与自然环境的协调,选择自然条件优厚的地点,避免不利的风、水等自然灾害的影响。

关于观测日影的方法,《周礼·考工记》记载③:"匠人建国④,水地⑤以县(悬);置槷⑥以县,眡以景(影)。为规,识

---

① 《释名》是一部由东汉末年文学家刘熙所著的训诂学著作,旨在探求事物的名称来源。

② 王玉德,王锐.宅经.北京:中华书局,2011.

③ 《周礼·考工记》,中国现存年代最早的手工技术专书,是研究古代科学技术的重要文献。

④ 匠人建国,专讲建设城邑求水平定方位的测量问题,提出了利用水准及太阳和地球的关系求水平、定方位。

⑤ 水地:把地面修整成水平。

⑥ 置槷:木制的表或者杆,用于观测日影。

第 3 章
基于气候适应性的传统城市选址之考证

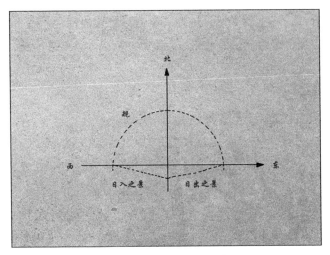

图 3.1 考工记所载测日影方法

日出之景与日入之景。昼参诸日中之景,夜考之极星[①],以正朝夕[②]。"这就是介绍营建工程之前的定平和定向。《考工记》文中提到的许多细致的操作步骤和方法表明依据气候的城市布局发展到周朝时已形成技术规范(图 3.1)。对方位精确性的要求更为严格,要求整个城市坐北朝南,取南北轴向,开始的时候是依据城市的位置的气候、地形,为了满足整个城市的日照采光、取暖需要,后来才发展形为制度化和礼仪化,即所谓的天子要"南面而治"。

关于周人用圭法测日影建国,《周礼》中还有这样的记载:"日至之景,尺有五寸,谓之地中,天地之所合也,四时之所交也,风雨之所会也,阴阳之所合也,然则百物阜安,乃建王国焉。"这段记载的大意是,夏至的时候,阳光照在八尺圭表上,影子只有

---

① 极星指北极星,亦称北辰,是最靠近北天极的恒星。

② 正朝夕:确定东(朝)西方向,引申为确定东南西北方向。

一尺五寸，这里就是所说的地的中心，是天地会合，四季会合，风雨会合，阴阳会合的地方，会使万物生机勃勃而且平安，是建立城邑和王国的好地方。

3.3 古代城市选址案例分析

关于中国古代城市的选址，最重要且最讲究的应该是都城的选址。我国曾作为国都的城市数以百计，最著名的有七个，号称七大古都，即北京、安阳、西安、洛阳、开封、南京、杭州。

通过将中国主要山脉分布图与七大古都所占位置图的叠合，可以非常清晰地得出地理环境及气候条件对中国古代都城选址的巨大影响。七大古都所在地，位于北纬30°~40°之间，年平均气温在8~16°C之间，属于暖温带季风气候，四季变化明显。从地形上看，七大古都几乎都分布于华北平原及其邻近地区，西北向有太行山脉等作为屏障，阻隔冬季来自西伯利亚及蒙古国的寒冷气流，东向面对东海、黄海且无大山阻拦，常年接收来自海洋的温湿气流。这是中国版图上背山面水且最为开阔平整的一块土地，这样的选址为古代都城的营建，国家的兴盛以及中华文明的发展提供了优厚的自然条件（表3.1）。

据杨文衡等研究，关于都城的选址，历代皇帝或国王选择洛阳、奄城、咸阳、长安、金陵、北京作国都时，无不以地理及气候适应性等知识作为理论与方法。

古代的中国地广物博，对于城市的选址历来是择优而选之，对国都如是，对许多中小型的城市，也是"观其泉流、相其阴阳"，谨慎而行。

第3章 基于气候适应性的传统城市选址之考证

七大古都基于气候适应性的选址分析　　表 3.1

都城	风水格局示意图	都城选址与气候
北京		"北京北枕居庸，西峙太行，东连山海，南俯中原，沃野千里，山川形胜，诚帝王万世之都" ——《太宗实录》 "北京实当天下之中，阴阳所和，寒暑弗爽……且沃壤千里，水有九河沧溟之雄，山有太行居庸之固" ——金幼孜《皇都大一统赋》 西北方的太行山及燕山山脉阻挡了来自西伯利亚及蒙古国的寒冷气流，东面的海洋季风以及环绕的永定河及北运河，为北京城提供了充足的水汽，从而形成了温和适中的气候特色和富庶的地理环境，为北京成为历代古都奠定了坚实的基础
南京		"金陵之都，王气所钟。石城虎踞之险，钟山龙蟠之雄。伟长江之天堑，势百折而与流。炯后湖之环绕，湛宝镜之涵空。状江南之佳丽，汇万国之朝宗。" ——杨荣《皇都大一统赋》 南京位于亚热带季风气候区内，雨量充沛，四季分明，且有长江、秦淮河及玄武湖三大水位之左右，使得南京城湿润而富庶
西安		"关中左崤函，右陇蜀，沃野千里，南有巴蜀之饶，北有湖苑之利，阻三面而守一面，独以一面东制诸侯"。汉高祖刘邦以此定都关中，取子午谷之轴线作为都城中轴。 　　由于轴线限制，汉长安位于龙首山北麓，近渭水南岸，地势较低洼，水含盐分高，咸卤，多有不利。于是隋代宇文恺的规划去旧图新，迁都至龙首山南麓兴建大兴城。以六条冈阜为乾卦六爻，最高的一条九二置宫阙，作为皇帝的居住用地，地势高，干燥，不易生病，是地理环境最好的。而于稍低的第二条九三

33

续表

都城	风水格局示意图	都城选址与气候
西安		立百司,于位贵但地势低洼的九五设庙宇。到了唐代,高宗更是将大明宫设于龙首原之上。可见古人在都城选址及建设时,细致地考虑了地理气候的因素
安阳		"秩秩斯干,幽幽南山"(《诗经·小雅》),描述了靠近洹水,面对青山的建筑配置。洹水自西北折而向南,又转向东去,形成环抱的局势,商都及墓葬区分列"S"形水系两侧的凸地上,以太极形生成背山面水的山水格局
洛阳		"是以圣人卜河洛,瀍、涧交毕、嵩。相其阴、阳流水位,卜州、卜邑辨雌雄。"(《青囊水法歌》)隋代宇文恺设计的洛阳"北倚邙山,东出瀍水东,西至涧水西,南至洛水口",充分地利用了天然的水网及地势条件,在满足城防的同时,形成了完善的水利条件和湿润的城市气候
杭州		杭州古称钱塘、临安,吴越、南宋先后建都于此,已有2200年的悠久历史。城址屡有变动,但都没有大的迁移。 其总体格局是:南倚凤凰山,西临西湖,北部、东部为平原,城市呈南北狭长的不规则长方形。南宋时宫殿独占南部凤凰山,地势高而干燥,适于居住生活。整座城市街区在北,形成了"南宫北市"的格局,自宫殿北门向北延伸的御街贯穿全城,成为全城的繁华区域。 杭州的选址与规划,有机地利用了西湖、钱塘江及凤凰山等优厚的自然环境,更有许多园林点缀其间,形成了宜人的城市小气候。无怪乎"上有天堂,下有苏杭。"

续表

都城	风水格局示意图	都城选址与气候
开封	(图:黄河、柳园口总干渠、惠济河、惠贾渠等)	开封位于河南省中部偏东黄河中游地区，地属黄河冲积平原，市内地形由西北向东南倾斜。旧城地势较低，城西北散布有小沙丘，东、南郊平坦。开封属于隋代大运河的中枢地区，黄河、汴河、蔡河、五丈河河网纵横，并受暖温带大陆性季风气候的影响，春秋季多东北风，风吹过黄河带来暖湿的气流，进一步促成了开封城舒适的气候。另外，因"屋宇交连，街衢湫隘，入夏有暑湿之苦，居常多烟火之忧"等，开封曾颁布诏书"广都邑、展引街坊"；因草市影响都市环境，二次颁诏"今后凡有营葬及兴置宅灶并草市，并须去标帜七里外"。这些古人就前人营城之不足而提出的几点改善城市环境的做法，充分反映古人在城市建设中的气候适应性意识，在中国古代都城规划史上起着承先启后的作用

齐国临淄是商代夷迹薄姑氏故地，自然条件优越。城池建在地势较高的临淄河冲积扇形地面的前缘，城北是黄河三角洲的南端，为天然的牧场，城东北是莱州湾，多产鱼盐，城南山区矿藏丰富。临淄自姜尚营建开始，历经西周、春秋、战国三个时期，到公元前207年为秦所灭为止，城市发展极其繁荣，号称"冠带衣履天下"。

丽江古城位于滇西北高原云岭山脉主峰玉龙雪山山麓，海拔2400米左右，为纳西族故乡和东巴文化中心，距今已有850多年的历史。丽江古城选址充分利用气候和地形的特点，古城西枕狮子山，北依象山，南朝视野开阔的丽江坝区，冬避西北寒风，夏纳西南凉风，但春季东风夏季南风却可通畅无阻。小城内冬暖夏凉（图3.2）。

35

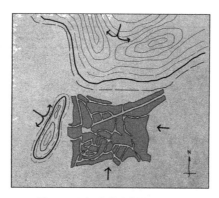

图 3.2 丽江古城山川总平面图

中国的河流遍布祖国大地,大小河流不计其数,北魏郦道元所作《水经注》中记载的就有 1252 条。我国古代多数的城址都选在河流的附近或两岸(图 3.3)。河流的两岸水量充足,干湿适中。由图还可以发现,绝大多数城市分布在温带上,说明温带气候冷热得宜,适宜人类的生存。因此,气候条件也是影响城址选择的重要因素。

有关古代城市的选址的气候性因素,下文仅以南宋嘉定、宝庆间王象之编纂的《宋本舆地纪胜》为例,提取其中所记录背山面水的具有气候合理性的古代城市选址案例进行研究。

通过对《宋本舆地纪胜》的整理和统计,可以发现大量的古代城市都选择了背山临水这一选址模式。

总之,在漫长的农业文明社会发展中,早期城市形成的核心内容是农业的发展,与之相关的三大要素:水、耕地和能源,其供给对气候和自然环境有着较强的依赖性。因此在古代的农耕文明中,进行城市的选址大多考虑了其气候适应性。

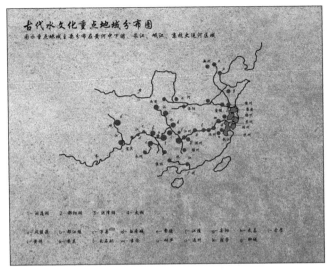

图 3.3　古代水文化重点地域分布图

3.4　小结

本章从气候适应性的角度分析城市选址，通过对历史资料的分析可以看出先人在选择城址之时最先考虑的主要因素便是城市的日照、引风防风等气候特征，以及辨别其对城市以后的发展所能起到的作用。所谓坐北朝南、背山面水等是从城市的气候适应性的角度出发，而后才升华为礼制尊卑等。

通过对中国古代大量的文献分析，本书将基于气候适应性的城市选址分类总结如下（表3.2）。

平原型古代城市：这一类别的城市集中分布在我国几大平原地区，它们的共同特点是一方面追求城市周围山环水抱的地理大势，另一方面注重城市内部山水要素的营建雕琢。

山丘型古代城市：这一类别的山水城市大量而集中地分布在江

表3.2 基于气候适应性的城市选址分类

		北京	苏州	长春	沈阳	哈尔滨
平原型山水城市	城市					
	历史沿革	蓟城（春秋至五代） 南京或燕京（辽） 燕京府（金） 中都（金） 大都（元） 顺天府（明清） 北平（民国） 北京（1949年至今）	阖闾城（春秋） 吴县（秦汉） 吴郡（东汉、梁末） 苏州（隋、大业） 苏州，1949年至今 平江城（宋） 平江路（元） 隆平府（元末） 苏州府（明清）	喜都（公元前2000年） 何龙府（公元前1800年） 书山府（唐开元） 隆州府（公元846年，公元1234年） 耶律德光城（公元1115年） 宽城府（公元1234年） 长春厅（清嘉庆） 新京（"九·一八"事变后） 长春（1949年至今）	侯城（秦） 属幽州（三国～隋） 属安东都护府（隋唐） 沈州（末辽） 沈阳路（元明） 奉天府（清、民国初、"九·一八"事变后） 沈阳市（1929年，1945年，1949年至今）	哈尔滨的名字（从满族语"阿勒锦"转化而来）
		三台	阆中	峨山	西安	桂林
盆地型山水城市	城市					

续表

盆地型山水城市	历史沿革	鄩县（西汉） 北伍城县（南朝） 浩城区（西魏） 梓州路（宋咸平） 三台县（1949年至今）	阆中（秦、唐，1949年至今） 阆内（隋） 隆州，阆州（唐）	南安（秦） 嘉州（隋） 嘉定（宋元明清） 乐山市（1949年至今）	古称长安，又曾称西都、西京、大兴城、京兆城、奉元城等	始安县（公元前111年） 安侯国（东汉） 始安郡（265年） 临桂区（634年） 桂林县（1914年） 桂林市（1940年） 广西壮族自治区桂林市（1949年至今）
高原型山水城市	城市					
	历史沿革	逯段县（三国） 秦州（唐） 丽江（元明清） 丽江纳西族自治县（1961年至今）	所在地原称吉雪沃塘，松赞干布定都于此，拉萨一词源于大昭寺前所立甥舅和盟碑文上	天水郡（公元114年） 秦州（西晋） 天水县（明国） 天水市（1985年至今）	益州郡谷昌县（西汉） 建宁郡（蜀汉） 昆州（隋） 东京、上都（陪都）（唐） （宋）	梓姜县（唐） 安夷县（宋） 镇远府（元） 镇远州（明） 镇远县（清）

续表

城市	南京	杭州	武汉	岳阳	福州
山丘型山水城市 历史沿革	越城（公元前472年） 建业（公元211年） 金陵（南唐） 南京（明） 天京（太平天国） 南京	禹杭（西周前） 钱唐（秦） 泉亭县（公元4年） 钱唐（东汉） 杭州（隋） 钱塘（唐） 临安（南宋） 杭州（元明清） 杭县（民国） 杭州（1949年至今）	明代以后，"武阳夏"三镇开始统称"武汉"。民国定都于此，合并三镇取名武汉	古称巴陵，晋设巴陵郡，隋文帝时改巴州，隋开皇十一年改巴州为岳州，民国二年改巴陵县为岳阳县	汉高祖五年，兴建"冶"城，唐开元十三年始称福州，一直沿用至今

40

南丘陵区。此外，山东丘陵区的城市等也是典型。

盆地型古代城市：大量而集中地分布于四川盆地。古代邵博《清音亭记》有云："天下山水之冠在蜀，蜀之胜曰嘉州"。古代嘉州（乐山）山水在一定程度上代表了巴蜀胜景特色。此外，关中盆地的西安，伊洛盆地的洛阳，以及广西盆地内岩溶地貌的代表桂林也是典型。

高原型古代山水城市：这一类别的山水城市大量而集中地分布在云贵高原。此外，黄土高原区以及青藏高原的拉萨等也是典型的代表。

第 4 章
基于气候适应性的古代城市水系之考证

4.1 早期的城市水系相关理论

春秋战国时，我国城市水利建设已经取得了很大的成就，出现了像临淄（今山东临淄城北）、燕下都（今河北易县东南）、邯郸（今河北邯郸西南）、大梁（今河南开封）、郑（今河南新郑）、郢都（今湖北江陵北）以及吴（今江苏苏州）等众多的繁荣都会，也相应地出现了较为系统的城市建设理论，其中以《管子》一书的叙述最为详尽，主要内容有下面几项。

1）选择都城（或城市）的位置，不要很高（"非于大山之下"），也不要很低（"必于广川之上"）。因为高了就会取水困难（"近旱"），适当低些才能取到足够的城市用水；但如果很低了，靠水太近，防洪任务就会太重，适当高些才能节省防洪排水工程。城市随有利的地形条件和水利条件而建，不必拘泥于一定的建筑模式。[①]

2）建设城市不仅要在肥沃的土地上，而且还应当便于布置水利工程。所建城市应当水脉周通，便于取水，更应排水通畅，直注江河。既注意供水，又注意排污，有利于改善环境，改善排洪条件。[②]

3）在选择好的城址上，要建城墙，墙外再建郭，郭外还有土坎。地高则挖沟引水和排水，地低就要作堤防挡水。[③]

---

① 原文为："故圣人之处国者，必于不倾之地，而择地形之肥饶者，乡山左右，经水若泽，内为落渠之写，因大川而注焉"（《度地》篇）。

② 原文为："归地之利，内为之城，城外为之郭，郭外为之土阆。地高则沟之，下则堤之，命之曰金城"（《度地》篇）。

③ 原文为："若夫城之厚薄，沟壑之浅深，门闾之尊卑，宜修而不修者，上必几之"（《问》篇）。

4）城市的防洪、引水、排水是十分重大的事，它的标准君王都应当过问。[①]

不难看出，上述建城的基本原则，都是以水作为先决条件的，其城墙与沟渠等工程最重要的作用还是兴水利、除水害。这些原则，两千多年来一直指导着我国的城市及其水利的建设，并在实践中不断完善和提高。

北魏郦道元所著《水经注》以水道为纲，同时记述流经地区的山陵、湖泊、郡县、城池、关塞、名胜，还有土壤、植被、气候、水文和社会经济、民俗风习等情况，历史故事也在其中有详细记载。他还记录了水利设施约30处，对很多伟大工程表达了敬意。《水经注》对于中国地理学的发展作出了重要贡献，在中国和世界地理学史上都有重要地位。

4.2 古代城市水系的气候适应性

古代城市水系一般都是从供水、郊区的农田水利或者航运一个单项开始的。随着社会条件的变化，城市的发展，城市水系设施也在改造和扩建，其功能和效益在逐步完善和转化。杭州西湖水利，在唐代宗时是以城内六井的供水为主的。到了唐穆宗时，白居易全面增修，城市供水和农田水利并重。北宋时，又形成供水、灌溉、航运、造酒以及风景观赏等多种目的的综合利用。以后，由于自然条件的演变，供水作用逐渐减弱，在不断的整修扩建中，风景建设日益加强，逐步由唐代的自然状况，转化为举世闻名的风景游览胜地。古代城市的护城河原来的功用是御敌，兼作防洪

[①] 吴庆洲. 中国古代的城市水系. 华中建筑，1991（2），55.

排水通道。现存的护城河，御敌的功用已经消失，主要用于排水，有的还用来养鱼、种藕，或辟为公园。

古代虽没有明确提出城市水利工程的气候适应性的概念，但我国人民在长期的实践中认识到，用水利工程把水引入城市，或借用自然水域加以改造作为建城的基址，这些城区和郊区的水体有改善和美化城市微气候的作用，这也成为城市水利中的一项重要内容。历史上的大城市长安、洛阳、开封、杭州、南京和北京等，在解决城市用水的实践中，都安排了适当的环境水利工程。

有关古代城市水系的积极作用，古人有大量诗词描述。如：

"天下之多者水也，浮天载地，高下无所不至，万物无所不润。及其气流届石，精薄肤寸，不崇朝而泽合灵宇者，神莫与并矣。是以达者莫能测其渊冲，而尽其鸿深也。"（《玄中记》）

"上善若水。水善利万物而不争，处众人之所恶，故几于道。居，善地；心，善渊；与，善仁；言，善信；政，善治；事，善能；动，善时。夫唯不争，故无尤。"（《道德经》第八章）

吴庆洲概括古代城市水系有十大功能[1]：军事防御、供水、改善城市环境、交通运输、灌溉养殖、排水排洪、调蓄洪水、防火、躲避风浪、绿化和水上娱乐等。本书仅就古代城市水系的对古城的城市微气候所带来的积极影响作考证和分析。

梅尧臣曾有"如过映画溪"的赞誉，魏彦有"波光日丽明妆镜，柳陌烟消见彩霓"的描绘。这可以明确地告诉人们，人工水域是可以改变城市环境的。

---

[1] 据查中国古代水利资料可知，西北地区由于气候干燥，河流的蒸发量很大，一般每年的蒸发量为1500毫米，渭水的每年降雨量为450～700毫米，而它的蒸发量却达到了每年1000～2000毫米，是降雨量的2～3倍，而且湿度适宜的空气，还给人们一种舒适、爽朗的感觉。

4.3 案例分析

4.3.1 北魏都城邺城

邺城在今河北省临漳县西南的邺镇附近，始建于春秋时，为战国时期魏国重镇。三国时，魏曾置邺都，为曹操的根据地。后又为后赵、前燕、东魏和北齐的都城，是上述时期我国北方地位显赫的城市。据记载，邺城的规模很大，东西长七里，南北五里。据建筑学家考证，邺城的城市规划是十分杰出的，曾对古代其他城市的建设有着重大影响。而从水利的规划和实践来讲，也是十分完备和突出的。

邺城地处太行山前的冲积平原，西部临近太行山区，花草繁茂，有许多野生动物，以及漳水等河流，所以邺城西部自然环境优越。

为了应对北方军事危险，曹操在城北营建邺城宫殿。因为漳水在邺城北面，所以成为御敌的天然屏障。

郭济桥认为："曹魏邺城北为漳水，系天然军事屏障，中央官署在北部，可省部分军事布防。"

郭黎安曾言："邺城在防卫上，除了筑有高大坚固的兰台，还建造了崇墉浚洫。它以漳水和恒水支流为护城河，西、北两边是漳水，东、南两边是洹水。"

曹魏邺城北部地势偏高，将宫殿区建于北部，体现出都城居高临下的高贵地位，除此之外也有利于观测和防守。

总而言之，曹操选择在北方营建都城，非常有军事防御的考量。

左思《魏都赋》写：邺都"南瞻淇澳"，"北临漳滏"，"旁及齐秦、结凑冀道，开胸殷卫，跋躠燕赵"。

田丰曾言："将军据山河之固，拥四州之众，外结英雄，内修农战，然后简其精锐，分为奇兵，乘虚迭出以扰河南，救右则击其左，救左则击其右，使敌疲于奔命，民不得安业，我未劳而彼已困，不及三年，可坐克也。"

邺城位于南北冲积带，地势平缓，开敞广阔，河道交织错落。曹操在"官渡之战"后，为加强南北交通之间的联系，挖白沟遏淇水，连通了洹、漳、淇、黄四河，构成水路交通网。

在水域方面，邺城四面许多水流，西面漳水，距离十七里汇入漳，漳水从西绕到北进入邺城，是邺城内部的水系。

曹丕《登台赋》云："溪谷纡以交错，草木郁其相连。风飘飘而吹衣，鸟飞鸣而过前。"

地方官西门豹为战国时人，魏文侯时为邺令。其实他的最大政绩是建造水利工程，引漳河水灌溉邺镇一带的农田，使这里富庶起来，成为魏国这一阶段国力强盛的基础之一。以后，史起在作邺令时，继承了西门豹的事业，漳水灌溉仍是这一带富庶的根据。主要做法在漳水上做十二个滚水坝，形成十二个梯级。每一级相距三百步，每堰上游开一道引水渠，渠首有闸门控制，总称漳水十二渠，这是古代常用的多渠首引水。

尽管有关邺城最初的规划设计思想我们已经无法考证，但是我们仍然可以从古代的诗词歌赋中看出经过规划的北魏都城邺城的城市形态。

左思在《魏都赋》中形象地描写道："磴流十二，同源异口，畜为屯云，泄为行雨。水澍（滋润）粳稌（稻），陆莳（种植）稷黍。瞵瞵桑柘，油油麻纻。均田画畴，蕃（篱）庐错列。姜芋充茂，桃李荫翳。"据此可知当时邺城存在的环境。后来，曹操经营邺城，就以原引漳渠道为源，引水入城（图4.1）。根据地图和《魏都赋》可知，引漳水进入邺城中心的人工水利已经不再单纯是为了灌溉

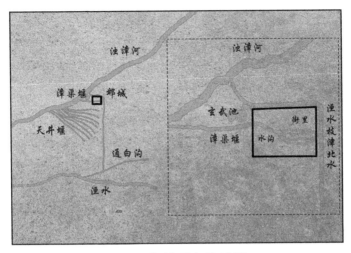

图 4.1 曹魏邺城水利示意图

农田，显然有出于改善城市环境和城市微气候的目的。

渠水进城时城墙下的专门建筑物叫水门，上装有铁窗棂（类似拦污栅的进水通道），为我国古代引水入城的常用建筑。进城后的渠道称长明沟，横贯全城，经石窦堰流出城，这也是个石砌的水门。清澈的水流，过街穿巷，高桥飞架，时有石闸节控。宽阔的大街，有葱郁的树木洒下的荫凉，有淙淙的流水散发的湿润。汲引方便，饮濯兼利，四通八达，赏心悦目。

邺城的水利是完善的，它包括了给水、灌溉、航运、防洪及美化环境各方面。可惜，最后被杨坚废毁。由于漳河的南徙与社会的变革，公元6世纪后，邺城再未恢复。

4.3.2 拓跋魏的前期都城平城

平城坐落在如浑水（今御河）两岸，今山西大同市偏东，是拓跋魏天兴元年至孝文帝太和十七年（公元493年）共近百年的都城，它的规划建设成就是中原文化对边远少数民族文化深远影响的佐证。

平城地处黄土高原东北，是大同盆地的中心地，东面御河，两面环山，中南地区是南北向的桑干河冲刷形成的平川，地形复杂。

《水经注·水》记录："武周川水又东南流，水侧有石祗洹舍并诸窟室，比丘尼所居也。其水又东转，迳灵岩南，凿石开山，因岩结构，真容巨壮，世法所稀。山堂水殿，烟寺相望，林渊锦镜，缀目新眺。"川水又南流出山，《魏土地记》曰，平城西三十里，武周塞口者也。

平城分内外两层，内层称平城县为故城，为宫室所在，外层称郭城。如浑水于城北向南流，入郭城，流过平城故城的东面，直出南郭墙。另外，如浑水在入北郭墙之前，还作了一个人工引水渠口引水枝分西转南行，也穿北郭墙，在西郭内南行东屈，经故城的南墙外折向南，傍御路两侧出南郭。这两条纵贯全城的水道除了城市汲引、消防等一般用水项目外，还有如下作用。

一是改善城市环境。城内河道"河干两湄，累石结岸，夹塘之上，杂树交荫。"郊郭则是"弱柳荫街，丝杨被浦，""长塘曲池，所在布濩"。还有的是"水夹御路"，在御路大街两旁开渠过水，利用水和树把城市打扮得清新雅致。在北方干燥的气候条件下，这种城市面貌是利用水改造环境的一个显著成就。此外，还利用人工水体丰富了许多园林。比如"如浑水南至灵泉池，枝津东南注池，池东西百步，南北二百步，南面旧京，北背乡岭，左右山原，亭观绣峙，方湖反景，若三山之倒水下。"向西支分的一条人工渠还经过叫"北苑"的园林，引水做了许多池沼。平城的园林水体在北方的城市中尤其显出它独特的风姿。

二是农田及园圃灌溉。如浑水和它的支渠，出南郭之后，"公私引裂，用周园溉"，园圃的灌溉是直接为城市服务的。水道首先经由城市，用于各用水部门后，再引到郊区农田灌溉，提高了水的利用率，布局也很合理。

4.3.3 隋唐都城长安

公元582年，隋朝建立大兴城，由宇文恺负责城市规划、设计及实施。公元618年，唐朝沿用隋都城和宫殿将大兴城改名为长安城。本书将这两个时代的都城统称隋唐长安城。

长安地理位置优越，环境与气候相适应，这也体现出古代帝王对都城选址的看重。

《尚书·禹贡》中写雍州之地"导渭，自鸟鼠同穴，东会于沣，又东会于泾，又东过漆沮，入于河"。

《周礼·夏官司马·职方氏》中写雍州"其川泾、汭，其浸渭、洛"，其中提到的水系均为渭水支流。

"龙首山川原秀丽，卉物滋阜，卜食相土，宜建都邑"出自《隋书·高祖纪上》中记录的开建新都城的诏书。由此看出，隋文帝在选择都城地址方面也有自己的考量。

秦汉时期的人们对高处敞亮之地偏爱有加，但龙首山川原北面相对较为平缓，南面因为渭水等河流的冲击，地形复杂。宇文恺经过仔细的地形勘查之后，选择了其中的六条高坡，作为重要建筑的建设用地。

针对地理历史层面来说，隋唐长安和四周的自然山水互相联系，相互作用，形成有机整体结构。在各种古典历史著作中，我们可以清晰地意识到，隋唐时期，人们普遍认为，长安的地区层次是"长安城——关中平原中部——关中平原"这样的空间结构。

唐朝诗人袁朗在《和洗掾登城南坂望京》中这样写道，"帝城何郁郁，佳气乃葱葱。金凤凌绮观，璇题敞兰宫。复道东西合，交衢南北通。万国朝前殿，群公议宣室。"

名闻天下的李庚《两都赋》也有此番描写，"斥咸阳而会龙首，右社稷而左宗庙。宣达周衢，址以十二；棋张府寺，局以百吏。环以文昌，二十四署。"

隋唐长安城位于关中平原正中，地理位置优越，地势为西南面高，东北面低，北靠着渭水，南依着秦岭，渭水从西朝东流经隋唐长安城北面，发源于秦岭的许多河流从南向北流向关中平原，由此构成了长安城的水系。在这些众多的河流中，主要有泾河、渭河、泸河、灞河、沣河、滈河、涝河、潏河这8条主要河流，构成了"八水绕长安"的特殊景象（图4.2）。后来，又依据地形、地势相继开凿了龙首、清明、永安、漕渠、黄渠5条主要的渠道，形成了水系纵横交错，网状分布的格局。

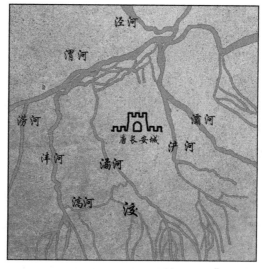

图4.2 八水绕长安之局

第4章 基于气候适应性的古代城市水系之考证

隋唐长安城的"八水五渠"为长安提供充足的用水,古城外面为八水环绕长安,而城内则是五渠灌长安,和城内的水井及湖泊沼泽一起构成了隋唐长安的城市水利系统(图4.3)。城市水系具有多种功用,本书仅就长安城内的城市水系的气候方面的积极作用进行分析。

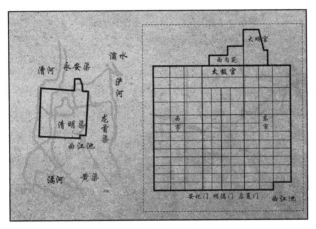

图4.3 隋唐长安城复原示意图及城市水利系统示意图

水利的综合利用,特别是对改善大城市微气候环境有积极作用。当时长安城占地面积很大,城内南北有十一条大街,东西有十四条大街,人口众多,繁荣喧闹。针对这种情况,城市规划注意到了环境的改善。城区的基本组成单元是坊,由纵横的大街分割而成。根据记载和发掘,各街的两侧都有水沟,朱雀街发掘的沟上口宽3.3米,底宽2.34米,深1.7~2.1米,两壁呈76°坡,沟壁修制光整。这些沟纵横交错,构成了遍布全城的水网。它不只有输水、排水作用,很显然也有改造环境的作用。据文献记载,"长安御沟谓之杨沟,植高杨于其上。"城内笔直的大道,两侧平行缓缓流动着清水,绿树成行,我们的祖先的创造力在此可见一斑。

水系对于气候的调节作用很大。第一,大面积的水面有蓄热作用,可以吸收空气中的热量,八条主要河流和五条渠道中的水是不断流动的,在流经长安城时,会带走长安城散发的热量,降低古代隋唐长安城周围空气的温度;第二,大面积的水面也增大城市周围空气的湿度和净化空气[①];第三,水面还有隔离、吸收噪声的作用,八条河流和五条渠道让长安城处处水流淙淙,树木林立,构成了一处宁静和清新城市环境。

没有充分的水源和有效的开发,这样的城市面貌是不会出现的。长安的城市供水,还用于园林建筑,皇家的多处官苑都有大大小小的池沼点缀,例如,四大海、山水池、太液池、龙池等等。城东南角的曲江池是当时城内最大的水体,也是最大的风景区,唐代有很多关于曲江池风光的描写。除此之外,私人园林也有若干小型水体的存在,住在各坊内的官僚大户,把流水引入自己的宅院之内,供个人游赏。

总之,长安城的水利系统是我国历史上规模最大和成功的典型之一,在对城市环境的改善上有很积极的作用。

4.3.4 隋唐洛阳城

隋炀帝杨坚就位初曾称赞洛阳的地势[②],位于秦岭之尾,在洛

---

① "洛邑自古之都,王畿之内,天地之所合,阴阳之所和。控以三河,固以四塞,水陆通,贡赋等,故汉祖曰:'吾行天下多矣,唯见洛阳'。我有隋之始,便欲创兹,怀洛日复一日;越暨于今,今兹在兹,兴言感哽"!
　　魏徵,王劭,李延寿,等.隋书:卷三,炀帝纪[M].北京:中华书局,1973:21-27.

② 徐松.唐两京城坊考:卷五,东京外郭城[M].北京:中华书局,1985:145-178.

阳盆地的中间，从军事上来说难攻易守，北面有黄河天险，南面为伊阙屏障，西面为函谷关，东面为虎牢关，因此是历代兵家必争之地。伊河、洛河、瀍河、涧河四条河流穿过洛阳盆地自然交汇，也有通过人工渠道相互沟通，构成了一个以洛河为主的水道网络。

《唐两京城坊考》曾经记载隋朝的东都洛阳[①]："前直伊阙，后依邙山，东出瀍水之东，西出涧水之西，洛水贯都，有河汉之焉"。

值得一提的是洛阳城南的通津渠。通津渠是隋朝大业元年（公元605年）开凿，在午桥庄（长夏门南五里）西南二十里处分出洛堰疏通洛水。又在午桥庄正南十八里的龙门堰引伊水，这样就形成了"受二水"的局面。

洛阳城的东面只有伊河，并无其他水系，所以，通津渠引过来的就是伊河水。流入洛阳城后经过南市，继续向北再流入洛河。通津渠也因此成为隋唐洛阳城南面里坊区内关键的漕运系统之一，是洛阳城内水脉系统的重要组成成分。

隋唐洛阳城地势相对较为平缓，水系方面除了洛水之外，还有伊、瀍、谷等河流，因此，隋炀帝开凿了大运河。在北面引入了很多漕渠，南面引伊、洛水进入洛阳城，交织错落的水网将城内宫殿区和市坊互相联系，再向外扩展，将南北运河联系起来。在这样的情况下，洛阳成为大运河的中心地带。

隋唐洛阳城南，土质优越，地势平缓，视野开阔，交错的水系、都是让此地成为风景秀丽，适宜居住的地方的重要原因。慢慢地，私家园林开始发展。山水隐士们逐渐开始尝试建造园林。因为水系是城内重要组成部分，所以他们所打造的园林也都围绕河流展

[①] 中国社会科学研究所洛阳发掘队.隋唐东都城址的勘查和发掘[J].考古，1961（3）：127-135.

开,钟灵毓秀,层峦叠嶂。由此可见,隋唐大运河不仅是城内重要水域,更为城市营建作出了不可忽视的贡献。

从中国社科院的考古研究所在洛阳的工作队的考古报告也可看出,洛河分隋唐洛阳城格局为南北两部分,中间以桥连接,平面为方形。王城建在高地位于城区西北角;东面为东城、含嘉仓城,西面和北面则有夹城及诸小城围护。居民里坊和工商业区位于洛河的南面以及洛北之宫城、皇城以外地面[①](图4.4)。

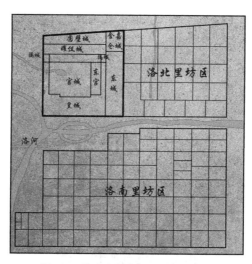

图4.4　隋唐东都洛阳总平面示意图

在隋炀帝即位次年便命宇文恺营建东京洛阳,在充分考虑了四水流经的区域和地势后,有计划地筑渠,将洛水、镍水、涧水引入宫城、御苑、皇城和里坊,使得整个城市的水网四通八达(图4.5)。

---

① 董鉴泓.中国城市建设史.北京:中国建筑工业出版社,1989.

第4章 基于气候适应性的古代城市水系之考证

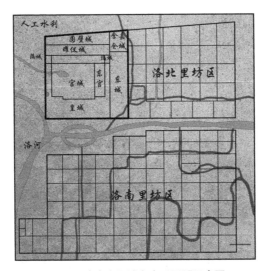

图 4.5 隋唐洛阳城市水系平面示意图

对于洛阳的人工水系带来的积极作用，唐诗人杜审言在《夏日过郑七山斋》称赞洛阳优美的城市环境："共有樽中好，言寻谷口来。薜萝山径入，荷芰水亭开。日气含残雨，云阴送晚雷。洛阳钟鼓至，车马系迟回。"

4.3.5 南宋平江

苏州古城，在《禹贡》中被称为"扬州之域"。南宋时称为平江。自公元前514年，吴王阖闾在此建城，至今已有二千五百多年的历史。古城自春秋时期建城至今，历经数次繁荣发展和毁灭性的战乱等沧桑巨变至今主体城址尚未有迁移[1]，古人选址营城水平之高超、预见性之深远可见一斑。苏州古城可称为中国古代城

---

[1] 耿曙生.从石刻"平江图"看宋代苏州城市的规划设计.城市规划,1992（1）:51.

市建设史上的杰出范例。

苏州,古称姑苏、平江,其历史要追溯到距今约3100年前的先周时期。据《史记·泰伯世家》记载,商末时周部落首领泰伯、仲雍出逃至蛮荆,在无锡梅里建城廓,在这里,他们与当地土著居民结合,断发文身,形成自己的部族。泰伯为君长,建一小国,自号"句吴",后改为勾吴。周武王十一年(公元前11世纪中叶),灭商。周简王元年(公元前585年),仲雍十九世孙寿梦继位称王。周灵王十一年、寿梦二十五年(公元前561年),寿梦卒,长子诸樊继位,次年迁都至今苏州地区。周敬王五年、王僚十二年(公元前515年),诸樊之子公子光派专诸刺杀王僚,自立为王,是为吴王阖闾。阖闾元年(公元前514年),吴国大臣伍子胥在今日苏州城附近,相土尝水,大兴土木。自此,江南平原上首次出现了一座巍峨庄严的大土城,史称"阖闾城",这就是今天的苏州城址,当时的吴国国土相当于今江苏大部和安徽、浙江一部分地区。战国末年,改勾吴为吴县,作为阖闾故都,楚时封春申君于江东,修筑城吴故墟为都邑。隋朝灭陈后,因城西南有姑苏山,遂改吴州为苏州,"苏州"因此得名。隋朝末年,苏州又被复为吴郡。唐朝武德四年,改吴郡为苏州;光化元年,改苏州为中吴府;肃宗乾元元年,复改吴郡为苏州,从此苏州地名被用作通称。宋政和三年改苏州为平江府,故苏州又有平江之称。元末年间,改平江为隆平府,次年复改为平江路。明朝初年,改平江路为苏州府。清顺治二年,南明政权灭亡,清廷命贝勒博洛分兵招抚苏州等府,承明制,苏州仍称苏州府。苏州这一名称始于隋开皇九年,一直沿用至今。

苏州古城位于长三角地区之东,南临太湖,北靠长江,京杭大运河与苏州河交汇于此,属长江和太湖水运交通之枢纽,位于太湖出水口区要冲的湖东洼地江河纵横、湖泊纵横，促进了水陆交通的发展，使苏州在后期经济商贸发展得到有力支撑，同时也给平江农业灌溉提供便利，大大促进农业发展。自隋大业六年（公元610年）大运河建成，通畅的地面水网及大量湖堤河岸的建设促进了苏州与外界陆路交通的联系，并使之逐渐成为太湖地区漕运中心，自此苏州古城双棋盘式的水陆城域格局已大致形成，该地区经济中心的地位已大体确立。发达的水网交通使苏州自古就得水之利，发展迅速，自古以来就是江南经济重镇。至明时期，便捷完善的水陆交通系统促进了苏州的繁荣，逐渐成为全国的工商业重地，商业和手工业的繁荣进一步带动了城市人口、经济、社会、文化的发展。

　　古人建城选址遵循"逐水而居""理水而兴"的因水制宜性，以水网纵横的城市水系为骨架形成空间格局。苏州古城的水网建设是与城市建设同时进行的，城市水道体系可分为环城河、干道系统和支流系统三个层次，整个古城的引水、排水、运输、防卫、生产、生活等功能主要由环城河、三横四直干河与诸多横河组成的水道网所承担，其中，干道直河主要沟通和调节横河之水，以达到全城水位水流相互平衡的效果，即"以塘行水，以泾均水，以滕御水，以埭储水"对全城起着支撑作用。苏州是一座建在运河上的城市，京杭大运河途经苏州，奠定了苏州的城市格局，也促进了苏州的繁华，造就了苏州的城市地位，孕育了苏州的文化特质。大运河苏州段水道最早开挖于春秋时期，隋朝达到鼎盛时期。吴国在建设都城时，伍子胥通过观察周围地形的起伏，采用象天法地的规划模式、城内水系的水文特征等建造阖闾大城。在选址阶段，阖闾城与太湖之间以群山相隔，这使得阖闾城既可以得到各种水系资源，又通过山体避免水患侵袭，也可以阻挡冬天从太湖水系吹来的湿冷空气，以起到气候调节作用；同时，山体构成的自然屏障也可以起到军事防御作用。且阖闾间城总体处于平原地带，平坦的地势有利于居民进行农耕及居住。楚时，建设者在城内原有的基础上，有计划地增加许多纵横的小河道以疏通和蓄存暴雨后的积水。三国至六朝时期，城内水陆系统拓展，其建构从北至南，与城市建设同步。在唐朝，苏州的水陆交通得到很大的发展，这主要得益于京杭运河南端的开通和城市外围水利工程的大规模修建。为方便城内外水运、交通，水网骨架进一步得到发展，形成"三横四直"的水道体系（图4.6）。到了宋代，平江城内道路呈方格形，与城内水系相呼应，形成了较完善的水陆系统，这种方格形水道体系一直发展至今。由于苏州城内水运日益发达，城市范围不断沿大运河苏州段向西扩张。所以说，大运河苏州段既承担着水上运输的重要作用，引导城市向西部扩张，同时又作为护城河保卫着苏州这座古城。

在苏州这座古城中，现存最典型、最完整的古城历史文化保护区为平江历史街区。这里依然保存了古城的框架结构，保存了古城的原有风貌，保存了古城真实的历史文化信息（图4.7）。唐代诗人杜荀鹤的《送人游吴》

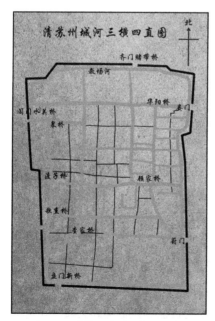

图4.6　清苏州城河三横四直图
[改绘自清嘉庆二年（1797年）苏州城河三横四直图]

中,"君到姑苏见,人家尽枕河"即对平江历史街区临河而建、高低错落的旧宅老屋的描述。

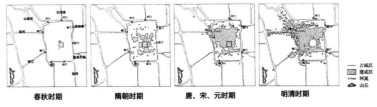

图 4.7 古代苏州城市形态演变(改绘自《古代苏州城市形态演化研究》)

从西汉至唐中叶,苏州一直是江南地区的经济政治中心,自隋炀帝时期京杭大运河建成,苏州作为运河的重要交通枢纽,促进了城市水陆系统的完善和重要设施的建设,城市的空间布局和形态演变的进程加快,平江城大致城域格局已形成。1130 年(南宋建炎四年),金兵南下侵宋,受战乱的影响,平江城大体被毁,子城建筑遭到大规模破坏,城市商业中心荒废,但城市格局未受到较大影响,后南宋政府对其进行了近一个世纪的重修和改建,城市中轴线向南北扩展,城市布局较前期相比更加规整。1229 年,南宋平江郡的太守李寿鹏用石碑雕琢的《平江图》,记载了重新建设一百年后的城市面貌,反映了南宋平江的城市规划思想,为目前发现的保存最早的一张城市规划图。①

依《平江图》所绘可知,宋代平江和今日苏州所处位置基本一致,都位于太湖之滨,西部较高且平坦,西南丘陵较多,其周

---

① 据《后汉书·地理志》江陵注:"故楚郢都,楚文王自丹阳徙此。"明确地指出在楚文王继位后,由原郡丹阳迁入新都的。楚武王慑服汉东诸国,楚国势力已伸入江汉地区腹地,故楚文王即位即迁都于郢,实际上是对楚武王战略行动的承袭与发展。

围环绕着吴淞江、娄江、胥江、大运河以及阳澄湖、石湖等水体（图 4.8）。伍子胥在古城选址之初，并非紧挨太湖，而是选择附近丘陵地区，其地势较周围高，避免湿润的气候带来的大量潮湿在

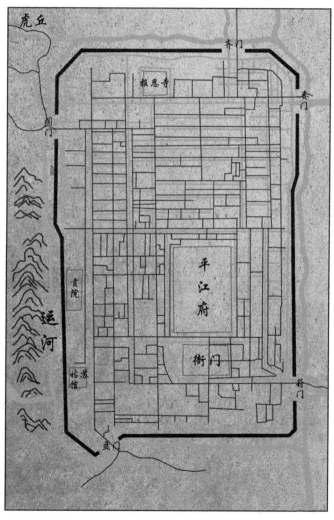

图 4.8 南宋平江城平面示意图

城内囤积,同时古城与太湖之间相隔灵岩山、穹窿山、虎丘等高地,一方面可抵挡太湖涨水时对城区的影响,另一方面也可有效避免冬季从太湖湖面吹来的冷湿空气,使城区气温不致受到较大冲击。同时,伍子胥营城时出于军事方面和城市防灾角度在城郭周围设置了护城河,一旦有较多雨水侵袭,城内水网成环路,可起到很好的泄洪效果,全城除护城河包围外,城内东西方向有18条河,南北方向有9条河,各条河与护城河相通。另外,城门的布置也与城内引水和排水有关,城墙四周各设水陆两对城门,城门位置不完全对称。城内有宽广的街城街衢和河道,一条街道并列一条河道,在都城的河道与宫城的外城河形成了平江城的水陆网系统。

苏州季风更替明显,冬季盛行西北风及东北风,夏季盛行东南风,春秋季是夏季风与冬季风交替季节,因此夏季盛行风可灌入城市,有利于城市通风降温,带走高温高湿的空气,冬季丘陵可抵御西北风来袭,有利城市保温,合理利用气候有利方面,规避不良气候影响,符合城市形态气候适应性原则。古人营国一向主张因地制宜的原则,从《平江图》中可知平江城方位并非如北方城市那样正南正北布置,而是北偏西 $7°54'$,该方位是经过对地形和气候的详细研究后确定。这样更方便夏季盛行的东南风顺畅地吹入城内,大部分街道河道和建筑都处于主要迎风面上,实现了更好的通风效果,使平江古城呈现出一种适应气候的独特城市形态。可说平江古城是古人营国之思想典范。

古代诗人曾形象地描绘苏州城的独特的景色是:"烟水吴都郭,阊门驾碧流,绿杨深浅巷,青翰往来舟"。杜荀鹤在《送人游吴》中说:"人家尽枕河,水港小桥多"。唐代大诗人白居易在诗中描述苏州:"绿浪东西南北水,家家门外泊舟航"、"水精波动碎楼台"。

平江府城顺应自然地形呈长方形布置,南北长东西短,四周筑有高大的砖砌城墙形成城市边界，并设有城门。外为大运河所环抱，内有护城壕。城市格局采用水陆平行、河街相邻的双棋盘格局，形成高效的水陆交通系统。从《平江图》中可知干线河道，东西向有三支，南北向有四条，它们的支河像血管一样延伸到大大小小的坊巷，使商店、住宅、手工作坊大都形成前门临街巷、后门临河道的形式，运输条件十分方便（图4.9）。河道总长度约为82公里，是城市街道总长度的78%。城市水道体系可分为环城

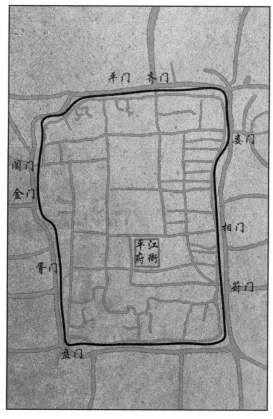

图4.9　南宋平江城水道示意图

河、干道系统和支流系统三个层次，整个古城的引水、排水、运输、防卫、生产、生活等功能主要由环城河、三横四直干河与诸多横河组成的水道网所承担，其中，干道直河主要沟通和调节横河之水，以达到全城水位水流相互平衡的效果，平江古城内出现如此多的水域面积，除了运输、防洪等功能外，其对城市微气候的改善等诸方面的积极作用，值得分析。

据记载，古代苏州多洪水，伍子胥辟了八条水渠贯通全城，组成了相互连通的水网，并设了八个水城门，以作控扼之用，全城的主要水道，东西方向有数条大河，南北方向也有数十条河道，东西南北还有许多小水巷，形成了良好的排水体系。从此以后，清流萦回，扁舟荡漾，也形成了雅洁、怡静的水乡风貌。

古苏州主要以手工织造业和丝绸贸易为主，河道满足了小作坊之间高效的水上交通，方便物物交换和货物运输。织造业需要大量的水参与作业，因此宅后河道为小作坊提供了大量的用水。同时，由于城内水网与大运河连通，使得城内居民可获得新鲜丰富的生活水资源。由于古苏州建筑大多采用木作为主要材料，且建筑之间紧挨在一起形成良好的遮挡关系，增大建筑群的体形系数以获得更高的热工性能，建筑群的防火就存在了较大隐患。因此，城内密集的水网环绕，为城市防火提供了便利。

城内较大的水域面积，可有效改善城市热环境。由于水体的比热容较石板高，因此有较好的蓄热能力，可以保证城市温度在更小范围内波动。水体还有吸尘作用，洁净空气。河面水汽的大量蒸发增加了空气湿度，导致了水体和建筑群之间形成了热力差，形成了热压通风，同时带入温润干净的空气，提高了城内居住环境。

4.4 小结

古人建城以水作为先决条件，古代虽没有明确提出城市水利工程的气候适应性的概念，但通过对古代文献的分析可以认为古人已经认识到城市水系对城市气候的积极作用。尽管古代城市一般从供水、郊区的农田水利某个单项开始建设城市水利工程，但随着社会条件的变化，城市的发展，城市水系设施也在改造和扩建，其功能和效益在逐步完善和转化。例如像长安、洛阳、开封这样的古代城市在解决城市用水的实践中，为了改善城市气候而安排了环境水利工程。

第 5 章
古代城市布局与城市气候之关系考证

5.1 古代城市布局的基本理论

研究古代城市形态的气候适应性，单纯用史学考据的方法，由于文献自身的局限性，有时会得出截然相反的结论。笔者认为文献考据应结合从宏观的、规划的角度进行整合研究，通过"训诂法"探究古代城市中基于气候适应性的城市形态。

中国古代有一套以《周礼·考工记》为蓝本的礼制色彩浓厚的都城营建制度，是影响中国古代城市布局的一条主线索。

《考工记》关于王城规划制度的记载历来被视为经典：

"匠人营国，方九里，旁三门。国中九经九纬，经涂九轨。左祖右社，面朝后市，市朝一夫。"

这是中国古代都城制度最早、最完整的记载，影响极其深远，其特征就是突出以宫为中心，讲究轴线与对称布局，主次分明、井然有序（图5.1）。

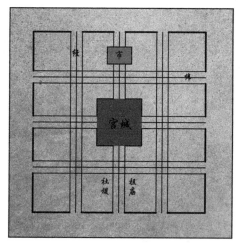

图 5.1 《考工记》所载王城理想图

但《周礼·考工记》所展示的理想模式，在实际应用时，又会受到旧城格局、气候、地形、方位等因素的影响而偏离理想的状态。例如考古发掘的商代都城和周原遗址表明，虽然大致上均为坐北朝南，但并不是正南正北，商代宫殿建筑和都城的轴向略偏西，而周原遗址的轴向略偏东。

中国古代的城市规划思想具有天人合一、时空合一的特点。城市依照宇宙理论，天体与地下的都城交相呼应，同时空间又与时间密不可分，所以春季配东方，夏季配南方，秋季配西方，冬季配北方，把时间的四季和空间的四方配合起来，构成宇宙一体的图式。后来，又将城市类比于四时四方，形成了一个普遍的时空合一的城市图式，一个普遍的宇宙体系的理论。这种思想的渊源就是阴阳、五行和《易》卦，其核心是人类的一切活动必须顺应自然规律，必须将环境的选择、居室住宅、乡村、城镇和国都的建设与自然规律相协调。《易传·文言》曰："夫大人者，与天地合其德，与日月合其明，与四时合其序，与鬼神合其吉凶，先天而天弗违，后天而奉天时。天且弗违，而况于人乎。"

5.2 案例研究

5.2.1 商代垣曲商城

垣曲商城位于黄河中游地区晋南垣曲小盆地南缘，条山与王屋山交界处的黄河北岸，骊河、亳清河与黄河交汇处的高台地上，城址东面有骊河、西南有亳清河环流，两河在城址东南3公里处汇合后注入黄河。垣曲小盆地四周为中条山脉所包围，商城位于盆地中央，海拔高度约为205～210米，自然条件优越，水源充足，气候温和，土壤肥沃，极适宜农业的发展。

垣曲商城地处黄河北岸的垣曲县古城南关台地，南面是黄河，东、北是亳清河，西北方是蜿蜒的中条山脉，就像是卧倒在黄河与亳清河台地之间的半岛，商城不仅是水陆交通枢纽，而且与东面的太行山府城商城、孟庄商城直接联系，同时也是区域军事与经济战略要地。垣曲商城地势北高南低、东高西低，三面环水、一面靠山，依山傍水，地处高坡，是易守难攻的军事要地。

有学者认为，垣曲商城的区域在二里头文化晚期是由"回"字形壕沟组成的环壕聚落。依考古可知，商城城址坐落在高台地的东南缘，地势西北高东南低，西部1公里以外即为起伏的丘陵，南部陡崖紧濒黄河北岸宽阔的河滩。城墙顺台地地势修建，坐北朝南，占尽地利。其北墙所在的地面比南墙所在的地面高出12.5米。北墙距台地北部断崖边尚有约300米的距离，断崖之下即为低平的盆地，与台地的高差约50米。

学者竺可桢研究认为，"在近五千年中的最初二千年即从仰韶文化到安阳殷墟，大部分时间的年平均温度高于现在2°C"。商代以前中原的气候特点为气候变暖、气温升高、冰川消融、降水增多、河流决溢等特点。据《世本》载："汤旱，伊尹教民兴凿井以灌田"；《荀子·秋水》载："汤之时，八年七旱。"《吕氏春秋·慎大览》载："商涸旱，汤犹发师以信伊尹之盟。"同样处于商代早期的偃师商城、郑州商城内均发现了水井，且水井高度较20世纪80年代水位线低，可见商代前期比现在要干旱。由此可以推断出，从夏代后期到商代早期中原的气候特点为干旱少雨、天气干冷、降水较少、地下水位较深的特征。

据连劭名、胡厚宣等学者研究，商代甲骨卜辞中已有了"方""四方"的观念，各方均有方神掌管，商王要对方神祭祀、祈年。四方本义是指四个方向，但引申为四方之土地，四方之地加上中央，就形成了"五方"的概念。商人认为大邑商处天下之中，所以又叫作"中商"。而"四方"又与"四风"联系在一起，"四风"实际上是指四种气候，代表不同的季节，象征一年四季。因此，商人在四季分明的黄河中下游的地理环境中，在长期的生产实践中，观察自然界运行变化的规律，逐渐形成了时空一体的独特宇宙观。在这种宇宙观的影响下，城邑的平面布局就渐渐向方城环绕着居于中央夯土高台上的宫室殿宇方向发展。

因此可得出，古人早期的城市四方形布局是基于古人对四种气候的长期观测得出的经验形态。

从垣曲商城平面形态上来看，城市平面呈梯形，南北城墙约400米，东西城墙约350米，周长1470米，总面积13万平方米，西南各开一门，四周由坚固的夯土城垣所围，北城墙为单墙，方向79°，南城墙为双道夹墙，方向为80°，西城墙为双道夹墙，方向为5°，西侧设有与西城墙平行的护城壕，城内建筑坐北朝南，城内设有一条由西城门通往宫殿区的东西主干道，方向108°。由多座大型夯土台基组成的宫殿区位于城内中部偏东，占据着城内最佳区位，作为城邑的主体和核心，其他建筑围绕着中央展开，象征着权利由中央向四周辐射。居住区位于城内东南部，是平民活动的主要区域，西南部为制陶手工区，多为圆形竖穴窑（图5.2）。这种城市布局设计观念体现了商代"尊天命，敬祖宗"的文化观念，社会活动极大地体现了神权信仰的文化观念。

商代早期中原气候干旱，但由于垣曲商城地处垣曲小盆地内，这里气候温和、湿润，水系交汇于此，土壤肥沃，为农业的发展提供了良好的基础。气候对城邑的影响主要体现在两个方面：一方面，房址内部材料的使用，城内的房址为圆形双间半地穴式和方形半地穴，室内中心有柱洞，在地面和穴壁上涂有白灰面用于防潮；

另一方面，农业的发达促进了石斧、石铲、石刀和石镰等农业生产工具的使用以及制陶手工业的发展和人口密度的增加，城内的灰坑、窑穴、房址等数量增加，丰富了城市空间。

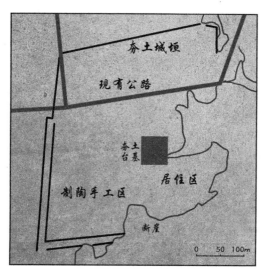

图 5.2　垣曲商城遗址

5.2.2　周原遗址

考古发现，广义的周原涵盖整个关中西部，包括今宝鸡市区和岐山、扶风、凤翔、眉县、周至等县区。《诗经》记载："周原膴膴，堇荼如饴。"大致意思为周原是一块肥美的地方，连堇菜和苦苣也像饴糖一样甜，后被一系列考古发掘证实，西周时期，周原地理位置优越，北倚岐山，南临渭河，土壤肥沃，气候温和，山原衔接，雨量充沛，植被茂盛，千河和漆水河分别由东西两侧流过，其中以渭河为中心，与其南北一二级支流形成一个不对称的羽状网水系，优越的生态条件为农业的发展提供了充足的条件。

《淮南子·傲真训》云:"逮至殷纣,峣山崩,三川涸。"《竹书纪年》载:"帝辛三十五年,周大饥。西伯自程迁于丰。""五年,雨土于亳。"由此可以推断出,商末周初中国气候发生了很大的变化,中原地区不但再未出现亚热带气候环境,而且还出现了沙尘暴和干旱天气。1973年,学者竺可桢根据黄河流域竹子的普遍使用和《左传》中记载的物候证据,提出了在西周早期气候回暖的证据。近三百年的西周(公元前1041—前770年)气候并非一直寒冷,在降温后,气候开始转暖,并持续了一百多年,其温暖程度显然不如殷墟暖期,但明显要高于西周中晚期的冷期。

据史料记载,由于其邻近游牧部落的压迫,周人迁到了不易受到侵袭的岐山之南、土地肥沃的周原,并在这里"营筑城廓室屋,而邑别居之"。其迁移路线如图5.3所示。

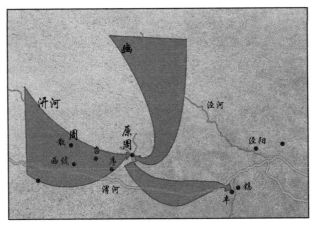

图5.3 亶父迁徙路线示意图

《诗·大雅·绵》生动地反映了周人这次迁移和创业的经过,对古公亶父所选的这块地极为称赞,说"周原膴膴,堇荼如饴。爰始爰谋，爰契我龟。曰止曰时，筑室于兹"，又描写了当时都邑营建的情况："乃慰乃止，乃左乃右，乃疆乃理，乃宣乃亩。自西徂东，周爰执事。乃召司空，乃召司徒，俾立室家。其绳则直，缩版以载，作庙翼翼。捄之陾陾，度之薨薨，筑之登登，削屡冯冯，百堵皆兴，鼛鼓弗胜，乃立皋门，皋门有伉。乃立应门，应门将将。乃立冢土，戎丑攸行。"

这次，周人选址于岐山之南的周原。毛传曰："周原，沮、漆之间也。""'原'者，广平之地也。"这里不仅有适宜耕种的大片肥沃土地，而且岐水自西北来，流入漆水，漆水又与杜水合，而后注入雍水（沮水）。古公亶父选择的这一环境，同样典型体现了农耕文明对于土地和水资源的重视，而且由于大陆性季风气候的原因，所选地域北部最好有高大的山峰以阻挡冬季寒风。这一选址的思想、原则和模式与公刘迁豳时并无二致。所不同的是，由于生产力的发展，社会的进步和国家机器的进一步完善，商代末年都邑规划布局已经有了丰富的实践经验，也有了一套与当时社会制度相适应的布局模式。从《诗·大雅·绵》所记载的周人在周原营建都邑的情况，其布局与模式与商代的几座都城相似，营建都邑首先从宫殿、宗庙开始，因为宫殿和宗庙是都城的核心和主要标志，所谓"凡邑有宗庙先君之主者曰都，无曰邑"（《左传·庄公二十八年》）。

周原从建国之初到西周灭亡，一直是西周王朝宗教圣地。凤雏甲组西周早期宫室建筑基址发掘于1976年，是目前我国西周考古发现的一处最完整的群体建筑，整组建筑大致呈西北—东南走向，邻近宫廷区沿轴线分布作坊区和居住区以及墓地、窖藏等，由南向北依次为影壁、门道、前院、前堂，前堂之后是过廊，过廊两侧为东西两小院，最后为后室，东西配置厢房各8间，并有回廊连接（图 5.4）。整体城市布局形态自由、开放，即宫殿区位于重要位置，有壕沟等防御设施，宫殿区内以宗庙、宫室为主，在宫殿区外围，散布着若干个呈点状分布的聚落点，聚落点之间有大片的耕地。

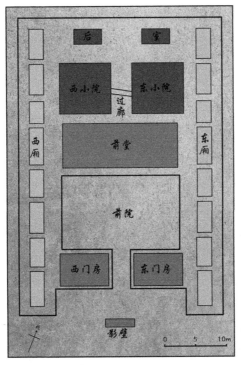

图 5.4 凤雏甲组建筑平面及复原示意图

凤雏甲组建筑类似四合院的布置形式，是对当时寒冷气候适应的结果。围合式的布局形式，宫殿建筑居中，突出了其权力的象征，可以减少冷风的侵袭以及雨水的收集。

成周都邑包括瀍河两岸的西周早中期成周城和汉魏洛阳故城

内的西周晚期成周城。西安市西南的沣河两岸有西周王朝的都城丰镐遗址。在整个遗址区内，迄今没有发现夯土城墙等防御设施。

西周早中期成周城位于瀍河两岸，资料甚少，无法详细了解布局。其主要部分分布在洛水以北、史家沟涧水以东、焦柳铁路线以西、邙山以南的位置。

《逸周书·作雒》记载："南系洛水，北因于郏山，以为天下之大凑"。

《尚书·多士》记载："成周既成，迁殷顽民。"

5.2.3 临淄齐国故城

临淄从西周后期起，至战国末期（公元前859—前221年）一直作为齐国都城。临淄齐国故城位于山东中部，今淄博市临淄区辛店北8公里的齐都镇。其基本地貌为南高北低，南面是鲁中山地和丘陵，近处有牛山、稷山和名泉"天齐渊"；东面和北面是辽阔的大平原，东北距渤海50余公里；西距铁山不到25公里（图5.5）。齐故城分大城和小城两部分。小城在大城的西南角，其东北角伸进大城的西南部，两城巧相衔接。根据文献记载，可知临淄小城市宫城，大城为居民区。临淄是典型的大陆性气候，常年风向为东南风。

故城遗址内已发现的道路有10条，走向基本与城墙平行，成棋盘格式道路网络：小城内3条，其中2条南北向，1条东西向；大城内道路7条，大多呈十字交叉，将城市分成井然有序的方格网。大小二城的布置关系可使城郭更多的建筑处于迎风面，两城不会出现遮挡关系，形成更大的受风面，有利于城市通风。

临淄故城的功能布局上也考虑到了盛行风影响，做出了气候适应性的调整（图5.6）。城东侧有淄河，夏季东南风吹入可通过

第 5 章
古代城市布局与城市气候之关系考证

图 5.5 齐国临淄实测图

图 5.6 临淄故城布局与城市主导风向示意图

水面带来较丰润的水汽，使城内空气不至于太干燥。据考古发现，大城、小城内都有冶炼遗址，小城中的偏在南部，大城中的偏在北部。制骨作坊遗址集中在大城东北部。这说明古人在营城之时，已经考虑到避免污染相对严重的手工业用地对城内居住区造成影响，在通过城市的风道两侧和下风向的位置，规避了早期的手工业污染对城市空气质量的破坏。

由各种史料可以推测，在新石器时代中期至夏商时期，也就是五六千年之前，齐地属于亚热带气候，总体来说比较温热。那时的山东，随处可见一些亚热带动植物，沿海还长着很多竹林。

《齐晋平阴之战》有言："刘难、士弱率诸侯之师焚申池之竹木。"

《晏子春秋》有言："景公树竹，令吏谨守之。"

由此可见，温热的气候，让齐国地区竹林繁茂。

在城市选址方面，《管子·乘马》中提出，国都要选择背山靠水之地，也就是所谓的"大山之下"和"广川之上"。

其中的"大山之下"，指的就是高度合适的冲积扇平原，"广川之上"说的是比河流高了十几米的丘坡。这个地质条件对水资源的获取很有利。因为其位置距离水源远近适中，方便取水，满足了农民灌溉、生活的需要。

临淄城东西河流除了有助于水资源获取的用处之外，还可以作为天然城壕，加强都城的防御，这都体现了《管子·乘马》中："凡立国都，非于大山之下，必于广川之上"的描述。

《管子》还有一篇写到"五害之说"，他认为，水害是"水灾、旱灾、风雾雹霜、瘟疫、虫灾"这五害中的最重灾害。所以，在选择都城城址的时候，要着重注意水系，需要"内为落渠之写，因大川而注焉"。

这个意思就是，都城的周围要有河流和湖泊，城内也要开凿各种沟渠，形成星罗棋布的河流水系网络。齐国故城左右临水，背面靠山，眼前是平坦开阔的平原。所以，《管子》也提出，都城城址的选择，不仅要考虑水系，也要注重陆路交通。先秦时期，齐地是湿热的亚热带气候。临淄地区被称为"膏腴之地"，因为其常下雨，降水量充足，气候适宜，土质优越。临淄城东西两侧分别临近淄水和系水，南部靠近蜿蜒的泰沂山脉。《管子·度地》记载"故圣人之处国者，必于不倾之地，而择地形之肥饶者。乡山，左右经水若泽。"

5.2.4 后周开封城

开封建城的历史已有3000多年，春秋时期，郑庄公（公元前743—前701年）为向中原拓展，在今城南朱仙镇附近古城村构筑城邑、取名启封（汉初因避文帝刘启讳、改为开封）。此为开封故城。战国时魏国在此建都，名大梁，简称梁；因城跨汴河，唐时称汴州；后世合称汴梁。五代的后梁、后晋、后汉、后周四朝均定都开封，正式名称为"东京开封府"，又称汴京。

开封位于河南省东部，黄河中游平原，处于隋代大运河的中枢地区，黄河、汴河、蔡河、五丈河均可行船，水陆交通甚为便利。开封属暖温带大陆性季风气候，春秋季节多东北风。地势平坦，土壤肥沃，适合居民在此生产生活。上古时代的开封位于中原地带，周边自然河道池沼众多，素有"水乡泽国"之称。由于地势低湿的特点，很早之前开封就开始开挖人工河道，形成了种类丰富的人工水系类型。后周时期，国家建立了以汴水为主体，蔡水、五丈河相辅助的漕运体系，古人有"汴河通，开封兴；汴河废，开封衰"的民间歌谣，后周大兴汴河建设，利用汴河的航运功能，将开封城发展为当时全国的水运中心，为后来北宋时期繁荣的漕运奠定基础。

自隋唐之后，开封城经济发展迅速，已经成为商业、手工业和交通运输业的中心。五代时又在此建都，由于繁荣的商贸对城市原有基础的显性需求，开封城的城市布局已经不能适应其社会经济发展要求，后周显德二年（公元955年）四月，后周第二个皇帝世宗柴荣两度下诏改建和扩建东京，并表示了明确的规划意图。诏曰：

"惟王建国，实曰京师，度地居民，固有前则，东京华夷臻凑，水陆会通，时向隆平，日增繁盛。而都城因旧，制度未恢，诸卫军营，或多窄隘，百司公署，无处兴修。加以坊市之中，邸店有限，工商外至，亿兆无穷，僦赁之资，增添不定，贫阙之户，供办实艰。而又屋宇交连，街衢湫隘，入夏有暑湿之苦，居常多烟火之忧。将便公私，须广都邑。宜令所司，於京城四面别筑罗成。先立标帜，候将来冬末春初，农务闲时，即量差近甸人夫，渐次修筑。春作才动，便令放散。如或土功未毕，则拖迤次年，修筑所冀，宽容办集。今后凡有营葬，及兴置宅灶并草市，并须去标帜七里外。基标帜内，候官中擘画。定街巷、军营、仓场、诸司公廨院、务了，即任百姓营造。"

显德三年（公元956年）六月，柴荣又下诏：

"辇毂之下，谓之浩穰，万国骏奔，四方繁会。此地比为藩翰。近建京都，人物喧阗，闾巷隘狭。雨雪则有泥泞之患，风旱则多火烛之忧。每遇炎蒸，易生疫疾。近者开广都邑，展引街坊，虽然暂劳，久成大利。朕昨自淮上回及京师，周览康衢，更思通济，千门万户，庶谐安逸之心，盛暑隆冬，倍减寒温之苦。其京城内街道，阔五十步者，许两边人户，各于五步内，取便种树掘井，修盖凉棚；其三十步以下至二十五步者，各与三步。其次有差。"

这两个诏书是古代由帝王颁发的有关城市建设的重要文献，在中国古代城市建设史上有重要的地位。从这个诏书中可以看出当时扩建的原因、城市存在的问题、扩建的具体措施等。诏书还指出原有城市基础的诸多问题，其中就城市格局的气候适应性要求提出了以下三点建设要求。

一是"都城因旧"，出现了"而又屋宇交连，街衢湫隘，入夏有暑湿之苦，居常多烟火之忧"的情况，即用地不足，道路狭窄，排水不畅，同时城市街巷出现较为严重的潮湿和防火问题，因此"须广都邑"，在现代观点来看即扩大城市街巷尺度，"展引街坊"，使建筑间距扩大，这样可形成良好通道，引入通风除湿，这样即可达到"盛暑隆冬，倍减寒温之苦"的效果。二是"今后凡有营葬及兴置宅灶并草市，并须去标帜七里外"的要求。在唐时，在州县城以外的水陆交通要道，或关津驿站所在之地形成的集市，称草市。交易的商品主要是水产品、盐、酒以及日用百货等生活必需品，五代时沿用其制。因此规定将污染较为严重的"草市"移出城市七里之外，即移至城市下风向，减少对主城区的空气质量影响。这也是对基于城市季候风适应性的考虑的。三是"取便种树掘井，修盖凉棚"，即种行道树增加绿化，一方面可供遮阴，另一方面利用植被呼吸作用提高城市热环境。

以上所述，是古人就前人营城之不足，提出的几点可改变城市环境、使其更适应气候的做法，并得以实施。这充分反映古人在城市建设中的气候适应性意识，在中国古代都城规划史上起着承先启后的作用。

在一千多年前，就出现了这样一个杰出的规划，与唐长安、洛阳不同的是，其主要力量不是放在宫室的修建及管制居民方面，也未受传统的城建制度的约束,而是为了适应城市经济及居民生活的需要(图 5.7)。

图 5.7 东京城市布局及主导风向示意图

5.2.5 楚郢都

公元前 690 年,楚文王即位,为了奠定楚国的根基,即位后采取的第一大战略行动就是把都城定在郢(今湖北江陵纪南城)(图 5.8)。

从考古发现来看,中南区为宫殿区。东南区在其境凤凰山以东即城的东南角,夯土台较多且较密集,显然是贵族的又一居住区,此处东、南两面有城垣,西北部有凤凰山高地,这不仅有利本身安全,而且凤凰山在宫城的西南角,也有利宫城保护;因此应是楚国一些要员的居住地并与宫城守卫有关。此区的西北也即宫城外的东北部,已发现不少瓦窑,应是官府制瓦作坊区。东北区是楚官府又一较大的制瓦作坊区。此区内夯土台基也较多，很可能住着一些贵族和有钱的富人，不会是平民生活区。西区在其南部、中部（北至东岳庙）已发现冶炼作坊和制陶作坊，西区内很少有大型夯土台基，此区应既是作坊区，又是一般平民生活区。

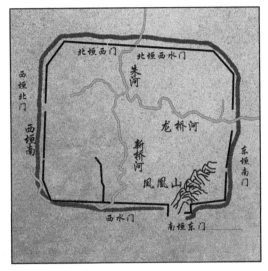

图5.8 楚郢都遗址平面图

故此就城内的布局看，实应只分为两大区即东区与西区，东区是王公贵族区，其间也有一些官府作坊；西区是平民生活区，其间也有官府作坊。显然，东区比西区更重要，就东区来看，南部比北部重要。城内中南部即宫殿区是其核心。

由上可知，在城市布局中宫城实独占东南。城西南区是污染甚重的以冶炼为主的作坊区，城中偏东北地区是以制陶和烧制砖瓦为主的作坊区。至于城内东北部纪城区已发现的东周时代夯土建筑台基也有15座之多，足见大型建筑密集，似为贵族府第区。

宫城不居于城中央、亦不居于城之中轴,这是在城市设计在科学性上对《周礼》营国制度的突破。就气象而言,两地的夏季主导风向大抵为东南或有所偏,因此,这样的基于气候角度的城市布局在功能分区上的合理是显而易见的。南郢迄今尚有地表之实迹可证。"面朝后市"的格局在南郢和寿郢故址中都有迹可寻。

5.2.6 郑韩故城

春秋战国时期先后为郑国和韩国的都城,遗址在今河南省新郑县。东周之初,郑武公平郐后,迁都其地,春秋战国时期为郑、韩两国国都,秦代始称作新郑,沿用至今。郑国首创出将国都划分为东、西两城的双城布局。公元前375年,韩国灭郑后,此地成为韩国的都城。郑韩故城的全年主导风向为夏季东南风,冬季东北风。

郑国是周代姬姓封国,韩郑故城选址位于中原的腹心地带,是东西南北陆路交通的枢纽,堪称九州之咽喉。故城位于伊、洛河之东,河、济之南,陉山远峙,溱、洧汇流,周邻环境非常优越。建城之初,郑地在西周末年曾出现过一时的荒凉景象,但经过郑人的辛勤耕作很快便成为富庶之地。城址位于双洎河与黄水交汇处三角地上,东为黄水,西、南为双洎河。郑城周围有丰沛的河流,不仅有助于解决城市的交通、排水等问题,也有利于都城地区的军事防御,因为这些河流为故城构筑了一道较难逾越的自然天堑。郑城周围除了有较多的河流外,还有一些可凭恃的山川与关隘。其南有陉山、西南有大騩山,又名大隗山、具茨山,主峰风后岭在新郑一侧,西部有太室山及其支峰马领山。韩郑故城在选址上提出了"形胜"的思想,即山川形势优越便足以胜人。

故城由相并列的一大一小东西两城组成。西城大致为缺西南角的矩形平面，东西长约2400米，南北长约2800米，从考古发现看，西城为宫城。东城则为缺东北角的矩形，面积大约是西城的两倍，主要是满足居住生产等功能。故城出于军事防御考虑，分西东宫城和大城，与临淄齐国故城相似，而东西城并列的形式又与燕下都相似，反映了战国时期城市建设的特点（图5.9）。

图5.9　郑韩故城平面图

故城东西二城沿东南轴向排列主要是为了迎合夏季主导风向，东南风可将河面上湿润的水汽带到城内，使城内不至于太干燥，同时也可以满足城市通风要求，改善城市热环境。从考古结果中发现，东城的东北角，北依城墙的地方发现了大量制骨、制陶、铸铜、冶铁等作坊遗址。这充分说明了古人营城时对主导风向的考虑。由于大量的作坊污染很大，如果处于盛行风上风向，则会同时影响到东城的居住区和西城的宫城，对城市空气质量不利，因此考虑将这些作坊放在东城最靠北的地方，这样可规避以上出现的情况，体现了古人营城的城市气候适应性意识（图 5.10）。

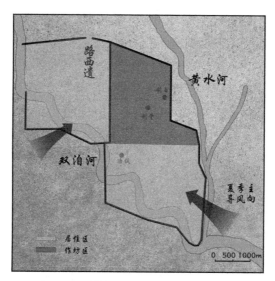

图 5.10　郑韩故城复原图及主导风向示意图

5.2.7　燕下都

战国时期燕国有上下两座都城。燕上都位于蓟城，至今已无遗迹。燕下都遗址在河北省易县县城东南，是燕国当时最大的城池。燕下都北面、西面和西南部被山峦环抱，东南面面向华北大平原，是燕国当时重要的门户。燕下都所处位置在今河北省保定市和涿州市之间，离涿州市较近。夏季主导风向为西南风，冬季因受蒙古国强大高气压的影响，自内陆吹向海洋的西北风盛行。[①]

---

① 杨宽. 中国古代都城制度史研究. 上海古籍出版社，1993，137.

燕下都由面积相近的两个方形东西并列组成，东西约为8公里，南北约为4公里。东城是主城，是当时的活动中心，文化遗产相当丰富，从遗址中可分辨出其主要包括宫殿区、作坊区、市民居住区、墓葬区和古河道。西城是外城，为了加强防御而建，建筑年代稍晚，城内文化较少，主要是作屯兵之用（图5.11）。

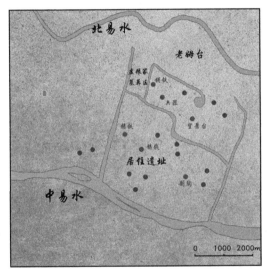

图5.11　燕下都遗址平面示意图

东城正面中轴并非采用常规的正南正北朝向，而是偏于西南方向，街道和建筑基本都平行或垂直于中轴方向。古人营城并非简单选址，而是刻意为之。由于燕下都所处地区夏季主导风向为西南风，城区格局偏转一定的角度，这样更方便夏季盛行东南风吹入城内，大部分街道河道和建筑都处于主要迎风面上，实现了更好的通风效果，同时风可带来易水上湿润的水蒸气，使燕下都夏季空气不至于太干燥，呈现出一种适应气候的独特城市形态。

因此可说燕下都是古人营国之思想典范（图5.12）。

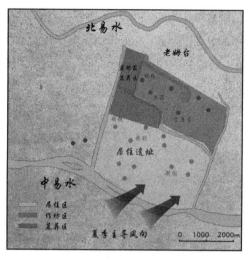

图5.12 燕下都遗址平面及主导风向示意图

同时，依考古发现，在东城市民居住区分布在西南部和东南部，墓葬区在西北角，而作为污染比较大的作坊则位于东城北部和西北部。这充分说明了古人营城时对主导风向的考虑。夏季西南风可顺畅吹过东城居住区，满足居住区的通风要求。而由于大量的作坊污染很大，如果处于盛行风上风向，则会同时影响到东城的居住区和宫城，对城市空气质量不利，因此考虑将这些作坊放在东城最靠北和西北的地方，这样可在夏季盛行风情况下避免污染，也体现了城市气候适应性原则在古人营城时的运用。

5.2.8 秦成都

成都作为我国西南开发最早的地区，自古以来都是西南地区军事和经济重镇，建城历史已达3000多年，自其城址创建之后，

第 5 章
古代城市布局与城市气候之关系考证

一直没有发生变动，可称为中国古人营城的杰出范例。据史书记载，公元前 4 世纪，蜀国开明王朝迁都至此，按照周王迁岐时所记载的"一年成邑，二年成都"，故此城得名成都，沿用至今。但也有另一种关于名称由来的说法为"成都"是中原人对蜀语的一种音译，中原人把蜀都音译为成都，意指蜀国最后的都市。建城之初，城郭呈长方形，街道规整。城内外建筑以"干栏"式建筑为主，表现了古人营城因地制宜的朴素思想。公元前 311 年张仪同郡守张若对成都进行了大规模修建，按秦都城咸阳之制修建了成都城垣，至此成都城池的基本格局已经确定，路网和建筑形态大多从适应地形和气候角度，采用了北偏东棋盘格的道路系统，同时考虑到成都平原处于四川盆地，利用吊脚楼的形式在满足地形要求的情况下也实现了防潮的功能。

成都地处四川盆地，雨水丰沛而盆地四周有高山耸立，加上成都平原河网密集，因此成都地区非常潮湿，也正因为盆地和水体密集的山水格局，成都古城的温度变化范围较小，城市热环境相对适宜。而成都的城市空气湿度高同样也会影响到热舒适性，因此城市格局中如何引风除潮是非常重要的一环。由于成都地区属亚热带季风带，全年盛行风为北偏东，古人的营城之初，除了皇城仿咸阳正南北朝向，其他各类性质的建筑都选择南偏西成一定角度，这样更方便盛行风吹入城内，大部分街道和建筑都处于主要迎风面上，实现了更好的通风效果，使成都古城呈现出一种适应气候的独特城市形态。

成都地处盆地，四围高山，城内潮湿形成有效通风比较困难。因此古人选址时考虑将城市放在岷江和沱江的北边，虽然成都常年风向都是北偏东或北偏西，城外南侧有较大面积的水体，经过阳光照射，由于水体和城内街道建筑的吸热放热能力不同，在一定时间范围内必然会导致热力差异，形成热压通风，这样一来可以使城市在自然通风较为困难的基础上获得热压通风，获得新风，保证城市内部较好的人居环境，二来是形成通风后带走城内大量积聚的湿气，对城市防潮来说也是非常有意义的（图5.13）。

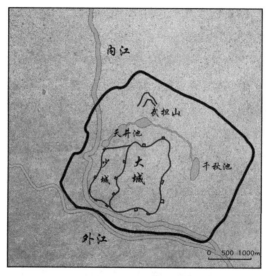

图5.13　秦时所建成都平面示意图

从图中可看出成都古城的城市肌理，除了皇城正南正北朝向之外，其他所有建筑都是南偏西一定的角度，这不是偶然为之。由于成都夏季盛行风向为北偏东，盛行风可顺延主要的城市街道顺畅地吹过，夏天带走城内积聚的大量高温高湿空气，同时由于所有其他性质的建筑都处于迎风面上，这样可大大改善古城内的人居环境。由于冬季成都盛行风向为北偏西，城内固有的城市肌理与其成45度角，冷风吹过城市受到许多遮挡物阻碍，这大大削弱了冬季风，可以保证冷风更少地带走城内较温暖的空气，保证了较好的城市热环境。

成都平原位于岷江与沱江冲击而成冲积扇平原，地势平坦，整体呈西高东低态势，适合居民发展农业和畜牧业，以及公路铁路等城市建设工程。成都北边有高耸的秦岭和大巴山作为天然屏障，阻隔了冬季来自北边的干冷空气，由此形成的冬天温湿气候环境更有利于植物的生长。公元前256年，秦蜀郡守李冰为进一步改善成都平原的环境，发展交通、灌溉农业，避免洪涝灾害，主张修建了都江堰水利工程,把成都城造就成为富饶的"天府之国"（图5.14）。

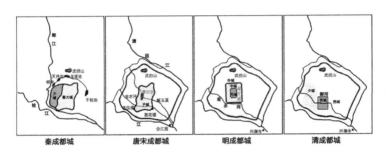

图 5.14　成都城水关系变迁图

5.2.9　鲁国故城

鲁国故城始建于西周时期，自周成王封周公旦长子伯禽于鲁，建都于此。到鲁顷公二十四年（公元前255年），鲁亡于楚，历时900余年，是周王朝各诸侯国都城中沿用时间最长的都城之一。故城遗址位于今山东省曲阜市。现在的曲阜城位于故城内的西南方位，约占故城的七分之一。鲁文化发源于此，古人称鲁国故城为"东方圣地""礼仪之邦"。"曲阜"一词首见于《礼记》，古书记载为"鲁城有阜，委曲长七八里，故名曲阜"。地处鲁中南山地丘陵区向鲁西南泗、沂冲洪积平原区的过渡地带，地处丘陵地带。鲁国故城北侧有泰山及徂徕山，在阻挡来自北方干冷空气的同时，在军事防御方面也有一定的作用。其东北侧为鲁中南山地丘陵，地势平坦，为故城旧址和北侧山脉起到过度作用。城中有泗河与沂河穿城而过，城中居民不仅可以拥有充足的水源，这两条河也起到气候调节作用；同时也是曲阜地区排洪的主要河道。故城选址于此地，土壤肥沃，水源充足，气候温暖湿润，城内居民可在此发展农业农耕生产。鲁国故城所处地区是典型的温带季风性气候，夏季盛行风向为东南风，冬季则为东北风。

鲁国故城平面大致呈矩形，东西长5700米，南北长3500米。城内道路网大致与城墙边界平行，东西向有3条主要路网将整个城市分成三个部分，最南部为行政办公用地，中间为宫城和作坊，北面为市场和居住混合用地。受《考工记》营国制度的影响，故城大致仍按照"方九里，旁三门。国中九经九轨，经涂九轨，左祖右社，面朝后市"的原则布局。按照考古发现作坊和市场的遗址可推断，古人在造城之初也考虑到了盛行风向的问题。由于鲁故城夏季盛行风向为东南风，因此在生产作业比较旺盛的春夏季节，会产生较大噪声和粉尘污染的作坊和市场就放在故城靠北的位置，处于下风向，这样就可以有效避免宫城和居住区受到较大影响，反映了古人营城时的气候适应性思想（图5.15）。

5.2.10 东汉洛阳

东汉（公元25年—220年）洛阳城位于今洛阳市东15公里处，背靠邙山，面对洛河，形势十分险要。这里原来是西周成周的一部分，东周时瀍水以西成为王城，瀍水以东称为下都，也就是王城的郊区。东汉洛阳城就是在下都的基础上发展起来的。东汉洛

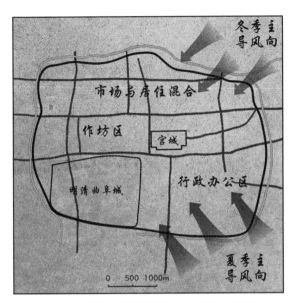

图 5.15　鲁国故城平面图及城市主导风向示意图

阳城"东西六里十一步，南北九里一百步"，或"南北九里七十步，东西六里十步"，称为"九六"城。东汉洛阳城大致为南北长而东西短的长方形。

洛阳地处中原腹地，黄河及其支流洛河由此流过。古时将黄河、洛河共同流经的地区，称之为"河洛"。因其地处洛河之阳，故得名洛阳。洛阳城选址充分考虑周围山水、地形、气候等因素，整体位于一个盆地平原，四周被山脉所包围，数条河流流经此地。其东侧为嵩山，南侧为长江、黄河、淮河的汇集之地；其北部的邙山在气候方面可以帮助洛阳城阻挡来自北侧的寒冷空气，同时也可以阻隔黄河水患；在军事方面也起到一定的防御作用。洛阳城西侧是崤山山脉，其地势险峻；南侧为三涂山，也成为其城市建设的屏障。由于洛阳城周围山体众多，地形较为复杂，其不同海拔的山峰、山谷、山阙也成为洛阳城的一道风景线。流经洛阳城的河流众多，有许多河流自周边山脉流出。洛阳地形是向东、东北和东南呈扇形延伸，沿着这些山谷平原与河流岸边均可通向四面八方，由于地势低湿的特点，很早之前开封就开始开挖人工河道，形成了种类丰富的人工水系类型。多样的水系结构影响着洛阳城市规划及水利系统，如东汉时期洛阳城的南北轴线与水利工程都是依照其周围山水环境所建设的。洛阳城地处第二阶梯与第三阶梯的过渡带，其气候宜人，风调雨顺，适合居民在此生活。

洛阳的12座城门，虽合《周礼·考工记》之数，但并非如西汉长安城一样每面三门。南面原来是三个门，后来增加了平城门，这样南面的门比北面的门要多（图5.16）。这一多一少完全是出于实际的需要，比如南面临洛河，地形平坦，又是礼制建筑区所在，

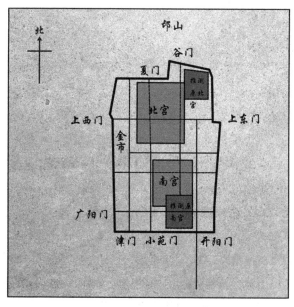

图 5.16　东汉洛阳的规划改造示意图

交通量较大；北面接邙山，交通量较小。但堪舆学对此却另有说法，城市、聚落、宅屋都是活的有机体，有呼吸和新陈代谢，因此城门是城市呼吸的"气口"。从气候适应性的角度来看，中国季风气候的特点是，冬夏长而春秋短，春夏季来自东南太平洋的温暖湿润气流带来丰沛的降雨和万物的欣欣向荣，秋冬季来自西北西伯利亚的干冷气流带来严寒和万物的肃杀。北面少开门可以阻止冬季寒冷的西北风。

5.2.11 曹魏邺城

三国时代魏蜀吴三分天下，魏王曹操于东汉建安十八年（公元213）营建王城，遗址在今河北省漳县西南，离漳河甚近。其后后赵、前燕、东魏和北齐等朝代都先后定都于此，至今已有近2000年的历史。曹魏邺城所处区域夏季盛行风向为南偏东，冬季为北偏东。

据文献和考古发掘，其城市的平面形状大致如下：据文献记载，邺城平面呈矩形布置，东西长7里，南北宽5里。位于太行山前冲积扇平原，城址西侧紧邻太行山区，城内有漳水等河流经过，南侧紧邻黄河，背山临川，拥有较好的自然环境。邺城盛行东南风和东北风，南侧的黄河、漳水等河流可以湿润空气，以调节气候；西侧的太行山阻挡来自西侧的干冷空气，同时也起到军事防御作用。曹魏邺城以其独具特色的都城规划，成为中国古代都城发展史上的一个里程碑。

城内道路呈方格网布置，东西方向7条大街，南北方向5条大街，大致相互垂直，将全城分成30多个方形的里坊。各里坊长宽大致750米。南面有三道门，北面二道，东西各设一门。鉴于洛阳京都沿旧制建设的诸多不便，邺城采取了新的布置方法：一条横贯东西的大道，把城市分为南北两大部分；北部中央在南北轴线上建宫城，大朝所在的主要宫殿位于宫城的中央；大朝的东侧为处理日常政务的常朝；大朝的西侧为禁苑——铜雀园，即古诗中说曹操妄图"铜雀春深锁二乔"之地；禁苑西面沿城墙一带是存储粮食和物资的仓库区、武器库和宫廷专用的马厩。在这个区的西侧稍北处，凭借城墙建铜雀三台。宫城以东是贵族居住的里坊，而其南半部为行政官署区。横贯东西的干道之南，亦建有若干官署，其余则为一般市民的住宅区，在住宅区中央，即南北轴线的南段，又辟一条干道汇于宫城正门之前，因此南北干道未能贯通。

邺城的规划在中国古代城市规划史上有比较重要的意义。它在继承战国时期以来沿用的以宫城为中心的规划思想的基础上，改变了汉代长安宫间里相参的松散布局，形成一个功能明确、结构严谨的城市。规整的规划路网和严格控制的里坊，在满足城市的交通效率的基础上，也形成相对整齐的城市界面，使盛行风吹过城市尽量少地受到遮挡，提高人居环境的质量。

从遗址考古发现，铜雀园处于邺城的西北角，除了在功能上满足军事防御要求外，也在适应风向的方面做了考虑。由于邺城所处区域盛行风为东南和东北风，铜雀园中屯兵操练之时会产生较大噪声和粉尘污染，因此古人造城时将其放在下风向上，使邺城之中居住区和宫殿区都不受影响，同时又能保证行军效率。这充分说明了古人在造城时的气候适应性考虑。

综上所述，对东汉时代曹操主持建造的邺城有如下总的印象：该城与传统以南北为主轴，严格对称，左庙右社，面朝后市的布局则不同，平面形由正方形变为纵短横长的矩形，道路以功能需要安排，不强求主轴贯通，布局也不强调左右对称（图5.17，图5.18）。这种不拘旧制而以功能为主的规划思想、在城市发展史上是一种进步。

第 5 章
古代城市布局与城市气候之关系考证

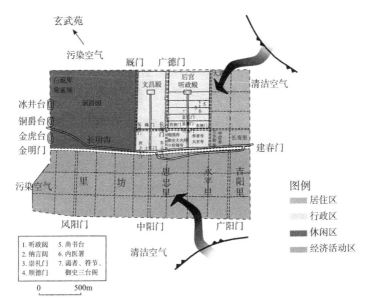

图 5.17 曹魏邺城平面图及主导风向示意图

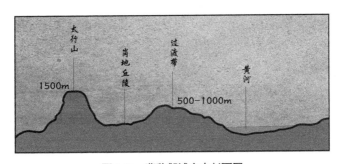

图 5.18 曹魏邺城山水剖面图

东汉以后，邺城还有过一段辉煌的时期。十六国时的后赵，在公元 4 世纪时，沿用营魏旧城重建邺城。城廓用砖，城墙上每隔百步建一楼；转角处设角楼。宫苑部分也数度扩大。

天平元年（公元 534 年），东魏自洛阳迁都于邺，并在前刚扩

97

建新城，使城市平面由一字形变为 T 字形。史称新城为邺南城。公元 550 年，北齐灭东魏，仍以邺为都城，增建了不少宫殿苑囿，并重建铜雀台，改称金岚、圣应、崇光。公元 557 年北周灭北齐，这座宏伟壮丽的都城遭破坏，数百年经营起来的邺城被战火变为废墟。

5.2.12 襄阳古城

襄阳古城是襄阳与樊城的合称，其城市已有 2800 年的历史。樊城和襄阳两座城的建立和发展存在先后时序关系。樊城古城兴起最早源自周王朝分封邓国于南阳盆地南部，邓国在此建立都城古邓城，在今樊城西北部。从古邓城丰富的出土文物判断，其城址时代属周朝至南北朝时期。襄阳古城位于汉水南岸，因西汉设置襄阳县而逐渐著称于世。后樊城与邓城平行发展，逐步合并统一。襄阳城初为古邓国在汉水以南之军事据点，后又成为楚之要津。樊城和襄阳城的发展都经过了相同的历程，即从居民点到军事堡垒，到县级治所，后下降到一般城镇，因政治地位和地理位置变化逐步取代邓城、鄾城成为汉水北岸重镇，并逐步发展为本区域的商贸中心。

古城在选址之初，综合考虑了自然因素，如樊城选址在汉水以北，樊城西北方不远有丘陵遮挡，这样形成了山南水北的良好城市格局。襄阳在汉水以南，作为樊城的根据地，这两座城夹江而立。

襄阳古城有独特的网状空间肌理。襄阳古城街道呈棋盘式布局。根据《襄阳市市区 1949 年街道图》显示的 39 条街巷，襄阳和樊城两地的主要街道都垂直和平行于汉江，且城郭并非正南正北方向，而是北偏西 30°，这样更方便夏季盛行风顺畅地吹过城市，带走湿热的空气，获得更好的城市热环境。按古代治所城市格局布置的襄阳城可算是我国古代平原城市的典范。由于受汉江的影响整个城市不可能完全按正南北建筑,主轴线偏西30°,正好使东西走向的街巷与汉江平行。这就是襄阳作为一个古代军事重镇和商业重镇的双重烙印。

5.2.13 北京城

据资料记载,北京建城已有三千多年的历史,千年古都,经历代不衰。北京最早建设的城可以追溯到西周初年,周武王在今广安门内外一带建立蓟国,因城之西北方向有一蓟丘,故取名"蓟"。公元前1045年,燕国在今北京房山琉璃河地区建立燕国都城,因城处于燕山之野,故取名"燕"。在春秋中期,燕国已灭蓟国,并迁都蓟城,燕城随之荒废。公元938年,辽代在燕国都城的基础上建立陪都南京幽都府。1153年,金将都城迁于燕京地区,建立金中都。元朝建立后,在金中都东北郊外今北海公园附近建立新的都城——元大都,北京城的水系、城市格局、中轴线等大致确立,至明朝后,改元大都为北平,燕王朱棣登上王位后,改北平为北京,并在元大都的基础上新建城墙、宫殿、城池,形成了"凸"字形的城市格局。到清代后延续了这种城市格局,奠定了今北京核心区的规模和布局。中华民国建立后,改北京为北平;1949年后,复改为北京。"北京"这一名称沿用至今。

北京属于典型的北温带半湿润大陆性季风气候,其主要特征为四季分明、春秋短促、冬夏较长。春季气温多变,大风、沙尘天气较多;夏季炎热多雨,易发生雷暴、大风等天气;秋季舒适宜人;冬季寒冷干燥。年度降水主要集中于夏季,冬季以西北风为主导,夏季则以东南风为主导。北京地处华北大平原的北部,西部、北部和东北部均为连绵不断的群山,平原面积与山区面积的占比约为4∶6，地势西北高东南低。范镇《幽州赋》中的"幽州之地，左环沧海，右拥太行，北枕居庸，南襟河济，诚天府之国"描述了北京独特优越的地理位置，其西侧太行山余脉的西山与北侧燕山余脉的军都山呈环抱之势围绕着北京城，形成了向东南展开的山湾，由此形成的"屏障"形成了北京独特的气候特征。

另外，来自东南方向的暖湿空气由于山体的阻挡，与冷空气相遇形成降雨，水资源丰富，既可以利用其优势来发展漕运，且为人民的日常生活用水提供保障。北京城在选址时巧妙地运用了周围优越的地理形势，利用燕山和太行山为整个城市阻挡冬季来自西北方向的干冷空气和山洪的威胁，为城市创造了良好的气候环境。

北京城周围的山体抵挡了寒风，增加了降雨量，但夏季炎热干燥，这样的气候环境在一定程度上影响着北京城的布局形态，主要体现在城市园林建设、道路布局、北京四合院布局三个方面，来适应气候对城市的影响（图5.19）。

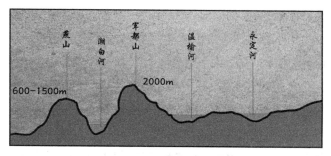

图5.19　北京城山水剖面图

在园林建设方面，北京城的山水园林体系由皇家园林和公共园林、私家园林和庭院景观、寺观庙宇的园林等构成，数量众多、种类丰富，城市园林绿化高、水体占比大，表现出类似南方城市的特点，这与北京降雨量多的气候特点是离不开的，为植物的生长和城市景观的塑造提供了良好的条件。城市的建设同样也反作用于气候，城市水体和园林景观的建设，促进了区域的水循环，大面积的绿化减少了城市对自然的破坏，保障了城市气候的稳定，在一定程度上维护和改善了气候环境。

圆明园、避暑山庄等行宫别苑在建设方面更加注重山水环境的塑造来改善环境气候的影响。这也体现在利用水体来改善气候影响，例如永定河、通惠河与京杭大运河、积水潭、北海、南海、什刹海、玉泉水和万全庄泉水等水系。

在城市道路布局方面，道路布局与建筑朝向、城市风向密切相关。北京城道路采用方格网布局形式，城内建筑多采用坐北朝南的方向，道路布局受建筑、庭院朝向影响多东西向，所以城市外围道路呈东西、南北方向。北京冬季偏北风较多，风速较大，夏季偏南风较多，所以北京城的主要干道布局与盛行风向一致，都为南北向、东西向，这样有利于城市通风。在元大都的都城建设中，南北城门位置相互错开，东西两侧城门相互对称，这样的布局可以阻挡从西北来的冷风，迎接来自东南的暖风，有利城市内部的保温。

在北京四合院布局方面，四合院由正房、东西厢房和倒座房组成，北房作为正房采用坐北朝南的朝向，可以满足冬季日照的采光需求，而西侧的厢房可以缓解由西晒引起的温度升高。四合院的院落有着较科学的尺寸和进深，使得厢房也可以得到较好的采光和通风。四合院采用北面封闭，南向开口的方式，在冬天可以抵挡寒风，夏季纳凉。另外，四合院中植物、水缸等的布置也可在一定程度上调节院内气候。

5.3 小结

本章研究了古代城市基于气候角度的城市布局的大量案例。

通过对垣曲商城的平面形态考古可知古人早期的城市四方形布局是基于对四种气候的长期观测得出的经验形态。

通过对周人早期的几次选择城市和迁徙城址及城市的布局的考察可明显看出大陆性季风气候的影响。

临淄齐国故城、燕下都、楚郢都、郑韩故城、鲁国故城、曹魏邺城等在城市布局时都将制陶、铸铜、冶铁等手工业作坊置于城市下风向，这充分说明了古人营城时对主导风向的考虑，体现了古人营城的城市气候适应性意识。后周世宗柴荣颁发诏书也明确提出措施改善城市气候环境。

成都古城、温州古城和襄阳古城也利用河道和街道作为城市通风道，使街道及居住街坊都获得比较理想的日照与通风条件。

东汉洛阳为了防止西北西伯利亚的干冷气流带来严寒和北方的风沙采取城市北方少设置城门等气候适应性措施。

参考文献

[1] Adolphe L.A simplified model of urban morphology: application to an analysis of the environmental performance of cities.environment and planning B: planning and design, 2001, 28 (2), 183-200.

[2] Adolphe L.Modelling the link between the built environment and urban climate: towards simplified indicators of the city environment.seven international IBPSA conference: building simulation 01, 2001: 679-684.

[3] Li Shuyan, Xuan Chunyi, Li Wei, Chen Hongbin.Analysis of microclimate effects of water body in a city.Chinese journal of atmospheric sciences, Vol.32, No.3, 552-560.

[4] Aggarwal R.Energy design strategies for city-centre: an evaluation.PLEA 2006: Clever Design, affordable comfort, a challenge for low energy architecture and urban planning, 2006: I-683-688.

[5] Aida M.Urban albedo as a function of the urban structure: a model experiment (part I).Boundary-layer meteorology, 1982 (23): 405-413.

[6] Newton P.Urban form and environmental performance.Achieving sustainable urban form, 2000.

[7] Cionco R M, Ellefsen R.High resolution urban morphology data for urban wind flow modelling.Atmospheric environment, 1997 (32): 7-17.

[8] Baruch Givoni.Climate considerations in building and urban design. Wiley, 1998.

[9] 陈飞. 一个新的研究框架: 城市形态类型学在中国的应用 [J]. 建筑学报, 2010 (4): 85-90.

[10] 徐竟成, 朱晓燕, 李光明. 城市小型景观水体周边滨水区对人体舒适度的影响 [J]. 中国给水排水, 第23卷, 第10期, 2007: 101-1045.

[11] Golany G S.Urban design morphology and thermal performance. Atmospheric environment, 1996 (30): 455-465.

[12] Ali-Toudert F.Dependence of outdoor thermal comfort on street design in hot and dry climate [D].Germany: Faculty of Forest Environmental Sciences of the Albert-Ludwigs-University, 2005.

[13] Cheng V, Steemers K, Montavon M, Compagnon R.Urban form, density and solar potential.Proceedings of the 23th conference on PLEA, Geneva, Switzerland.2006: 701-706.

[14] Ratti C, Richens P.Raster analysis of urban form.Planning and design: environment and planning, 2004: 297-309.

[15] Luc Adolph.A simplified model of urban morphology: application to an analysis of the environmental performance of cities.Environment and planning B: planning and design, 2001 (28): 183-200.

[16] Jae Ock Yoon, Hong Chen, Ryozo Ooka, et al.Design of the outdoor thermal environment for a sustainable riverside townhouses using a coupled simulation of CFD and radiation transfer. International Conference on Sustainable Building Asia (SB07), Seoul, Korea, 2007.

[17] 凯文·林奇. 城市形态 [M]. 北京: 华夏出版社, 2001.

[18] 段进, 邱国朝. 国外城市形态学概论 [M]. 南京: 东南大学出版, 2009.

[19] Zwikker C, Kosten C W.Sound absorbing materials.Amsterdam: Elsevier, 1949.

[20] Oke T.Boundary layer climates.London, Methuen, 1987.

[21] Oke T.Street design and urban canopy layer climate.Energy and buildings 1988 (11): 103-113.

[22] Oke T.Bibliography of urban climatology 1981-1988.Technical report, 1990.

[23] B E Smith.Urban morphology in south America.Massachusetts: Cambridge, 1994.

[24] J M Lupala.Urban types in rapidly urbanising cities: analysis of formal and informal settlements in Dar-es-Salaam, Tanzania.

[25] Mathis and Wackernagel.Land use: measuring a community's appropriated carrying capacity as an indicator for sustainability. Using appropriated carrying capacity as an indicator, measuring the sustainability of a community.Report I & II to the UBC Task Force on Healthy and Sustainable Communities, Vancouver, 1991.

[26] Adolphe et al.Sagacité: towards a Support System Management Urban Atmospheres.Final Report, 2002.

[27] 芒福德.城市发展史[M].倪文彦,宋俊岭 译.北京:中国建筑工业出版社,1989.

[28] 麦克哈格.设计结合自然[M].芮经纬 译.北京:中国建筑工业出版社,1992.

[29] 吉沃尼.人·气候·建筑[M].陈士辚 译.北京:中国建筑工业出版社,1982.

[30] 黄媛.夏热冬冷地区基于节能的气候适应性街区城市设计方法论研究[D].华中科技大学,2010.

[31] Whitehand J W R.A century of urban morphology[J].Urban morphology,2001（03）.

[32] Lynch Kevin.The image of the city.Cambridge: MIT Press, 1960.

[33] B Gauthiez.The history of urban morphology[J].Urban morphology,2004（08）:77.

[34] 周淑贞，张超. 城市气候学导论 [M]. 上海：华东师范大学出版社，1985.

[35] 陈宇青. 结合气候的设计思路 [D]. 华中科技大学，2005.

[36] 王振. 夏热冬冷地区基于城市气候的街区层峡气候适应性设计策略研究 [D]. 华中科技大学，2008.

[37] 斯波义信. 宋代江南经济史研究 [M]. 方健，何忠礼 译. 南京，江苏人民出版社，2001.

[38] 山根幸夫. 明及清初华北的市集与绅士豪民. 日本学者研究中国史论著选译（明清卷）. 北京：中华书局，1993.

[39] 平冈武夫. 唐代的长安与洛阳地图 [M]. 上海：上海古籍出版社，1991.

[40] 施坚雅. 中华帝国晚期的城市 [M]. 叶光庭，等译. 北京：中华书局，2000.

[41] 曹树基. 清代北方城市人口研究——兼与施坚雅商榷 [J]. 中国人口科学，2001（04）：15-28.

[42] Piper Pae Gaubatz.Beyond the Great Wall: urban form and transformation on the Chinese frontiers.Stanford University Press, 1996.

[43] 赵冈. 中国城市发展史论集 [M]. 北京：新星出版社，2006.

[44] Clbret Rozman.Urban networks in Ch'ing China and Tokugawa Japan. Princeton University Press, 1973.

[45] 德·希·珀金斯. 中国农业的发展（1368-1968 年）[M]. 宋海文，等译. 上海：上海译文出版社，1984.

[46] 杨念群. "市民社会"研究的一个中国案例——有关两本汉口研究著作的论评 [J]. 中国书评，1995（5）.

[47] William T Rowe.Hankow: commerce and society in a Chinese city, 1796-1889.Stanford university press, 1984.

[48] William T Rowe.Hankow: conflict and community in a Chinese city, 1796-1895.Stanford University Press, 1989.

[49] 王勤金. 从考古发现试论扬州唐城的四至 [J]. 东南文化, 1986（1）: 5.DOI: CNKI: SUN: DNWH.0.1986-01-028.

[50] 李廷先. 唐代扬州城区的规模 [J]. 中国历史地理论丛, 1991（4）: 10.DOI: CNKI: SUN: ZGLD.0.1991-04-014.

[51] 蒋忠义. 隋唐宋明扬州城的复原与研究 // 中国考古学论丛. 北京: 科学出版社, 1995: 445.

[52] 诸祖煜. 唐代扬州坊市制度及其嬗变 [J]. 东南文化, 1999（4）: 4.

[53] 盛会莲. 唐代坊市制度的发展变化 [J]. 西北师大学报（社会科学版）, 2000（3）: 99-102.

[54] 赖琼. 历代扬州城市平面布局考 [J]. 湛江师范学院学报 23.004（2002）: 51-55.

[55] 李久海. 论扬州宋三城的布局和防御设施 [J]. 东南文化 11（2000）:4.

[56] 王弢. 明清时期南北大运河山东段沿岸的城市 [D]. 中国社会科学院研究生院, 2003.

[57] 刘石吉. 明清时代江南市镇研究 [M]. 北京: 中国社会科学出版社, 1987.

[58] 傅衣凌. 明清时代江南市镇经济的分析 [J]. 历史教学 05（1964）: 11-15.

[59] 韩大成. 明代城市研究 [M]. 北京: 中国人民大学出版社, 1991.

[60] 陈学文. 明清时期杭嘉湖市镇史研究 [M]. 北京: 群言出版社, 1993.

[61] 赵世瑜. 腐朽与神奇:清代城市生活长卷 [M]. 长沙:湖南人民出版社, 2006.

[62] 许檀. 清代前期的沿海贸易与天津城市的崛起 [J]. 城市史研究 Z1（1997）: 93-111.

[63] 罗一星.明清佛山经济发展与社会变迁[M].广州：广东人民出版社，1994.

[64] 张海林.苏州早期城市现代化研究[M].南京：南京大学出版社，1999.

[65] 刘凤云.明清城市空间的文化探析[M].北京：中央民族大学出版社，2001.

[66] 陈庆江.明代云南政区治所研究[D].云南大学，2024.

[67] 吴晓亮.洱海区域古代城市体系研究[M].昆明：云南大学出版社，2004.

[68] 周俊旗.清末华北城市文化的转型与城市成长[J].城市史研究，1997（1）：23-44.

[69] 毛曦.先秦巴蜀城市史研究[M].北京：人民出版社，2008.

[70] 刘吕红.清代资源型城市研究[D].四川大学，2006.

[71] 陈庆江.明代云南政区治所研究[D].云南大学，2024.

[72] 曲英杰.先秦都城复原研究[M].哈尔滨：黑龙江人民出版社，1991.

[73] 曲英杰.史记都城考[M].北京：商务印书馆，2007.

[74] 杜正胜.古代社会与国家[M].台北：允晨文化实业公司，1992.

[75] 许宏.先秦城市考古学研究[M].北京：北京燕山出版社，2000.

[76] 马世之.中国史前古城[M].武汉：湖北教育出版社，2003.

[77] 李孝聪.唐代城市的形态与地域结构——以坊市制的演变为线索.

[78] 李孝聪.唐代地域结构与运作空间[M].上海：上海辞书出版社，2003.

[79] 程存洁.唐代城市史研究初篇[M].北京：中华书局，2002.

[80] 贺业钜.中国古代城市规划史[M].北京：中国建筑工业出版社，1996.

[81] 贺业钜.中国古代城市规划史论丛[M].北京：中国建筑工业出版社，

1986.

[82] 董鉴泓. 中国城市建设史 [M]. 北京：中国建材工业出版社，2004.

[83] 高佩义. 中外城市化比较研究 [M]. 天津：南开大学出版社，1991.

[84] 杨宽. 中国古代都城制度史研究 [M]. 上海：上海古籍出版社，1993.

[85] 曹洪涛. 中国古代城市的发展 [M]. 北京：中国城市出版社，1995.

[86] 吴庆洲. 中国古代城市防洪研究 [M]. 北京：中国建筑工业出版社，1995.

[87] 马正林. 中国城市历史地理 [M]. 济南：山东教育出版社，1998.

[88] 董鉴泓. 城市规划历史与理论研究 [M]. 上海：同济大学出版社，1999.

[89] 顾朝林. 中国城市地理 [M]. 北京：商务印书馆，1999.

[90] 王瑞成. 中国城市史论稿 [M]. 成都：四川大学出版社，2000.

[91] 张驭寰. 中国城池史 [M]. 北京：中国友谊出版社，2003.

[92] 曲英杰. 古代城市 [M]. 北京：文物出版社，2003.

[93] 中村圭尔，辛德勇. 中日古代城市研究 [M]. 北京：中国社会科学出版社，2004.

[94] 吴庆洲. 建筑哲理、意匠与文化 [M]. 北京：中国建筑工业出版社，2005.

[95] 蔡云辉. 战争与近代中国衰落城市研究 [M]. 北京：社会科学文献出版社，2006.

[96] 何一民. 近代中国衰落城市研究 [M]. 成都：巴蜀书社，2007.

[97] 李孝聪. 历史城市地理 [M]. 济南：山东教育出版社，2007.

[98] 史红帅. 明清时期西安城市地理研究 [M]. 北京：中国社会科学出版社，2008.

[99] 吴庆洲. 中国古城防洪研究 [M]. 北京：中国建筑工业出版社，2009.

[100] 成一农. 古代城市形态研究方法新探 [M]. 北京：社会科学文献出版

[101] 吴庆洲. 迎接中国城市营建史之春天 [M]. 北京：中国建筑工业出版社，2010.

[102] 侯仁之. 历史地理学的理论与实践 [M]. 上海：上海人民出版社，1979.

[103] 刘敦桢. 汉长安城与未央宫. 中国营造学社汇刊，1932年第3卷3期.

[104] 贺业钜. 考工记营国制度研究 [M]. 北京：中国建筑工业出版社，1985.

[105] 董鉴泓. 中国城市建设史 [M]. 北京：中国建筑工业出版社，1982.

[106] 张驭寰. 中国古代县城规划图详解 [M]. 北京：科学出版社，2007.

[107] 曲英杰. 古代城市 [M]. 北京：文物出版社，2003.

[108] 李孝聪. 历史城市地理 [M]. 济南：山东教育出版社，2007.

[109] 傅熹年. 中国古代城市规划、建筑群布局与建筑设计方法研究 [M]. 北京：中国建筑工业出版社，2001.

[110] 邹水杰. 汉代县衙署建筑格局初探 [J]. 南都学坛，2004.

[111] 柏桦. 明代州县衙署的建制与州县政治体制 [J]. 史学集刊，1995.

[112] 胡俊. 中国城市：模式与演进 [M]. 北京：中国建筑工业出版社，1995.

[113] 张驭寰. 中国城池史 [M]. 北京：世界图书出版公司，2009.

[114] 工程兵工程学院《中国筑城史研究》课题组. 中国筑城史 [M]. 北京：军事谊文出版社，2000.

[115] 黄宽重. 宋代城郭的防御设施及材料，南宋军政与文献探索 [M]. 台北：新文丰出版公司，1990.

[116] 成一农. 宋、元以及明代前中期城市城墙政策的演变及其原因 [M]. 北京：中国社会科学出版社，2004.

[117] 党宝海.元史论丛[M].南昌：江西教育出版社，2001.

[118] 丁晓雷.大同旧城的形制布局及其所反映的时代特征[J].汉唐与边疆考古研究，1994.

[119] 杭侃.中国北方地区宋元时期的地方城址[D].北京大学，1998.

[120] 成一农.中国古代方志在城市形态研究中的价值[J].中国地方志，2001.

[121] 杜赞奇.中华帝国晚期的城市[M].施坚雅，叶光庭，等译.北京：中华书局，2000.

[122] 章生道.城治的形态与结构研究[M].北京：中华书局，2000.

[123] 周长山.汉代城市研究[M].北京：人民出版社，2001.

[124] 王永祥，王宏北.中国考古集成·东北卷·金[M].北京：北京出版社，1997.

[125] 王其亨.风水理论研究[M].天津：天津大学出版社，1992.

[126] 陈芳惠.村落地理学[M].台北：五南图书出版公司，1984.

[127] 胡振洲.聚落地理学[M].台北：三民书局，1977.

[128] 陈宏，刘沛林.风水的空间模式对中国传统城市规划的影响[J].城市规划，1999.

[129] 吴庆洲.中国古城选址与建设的历史经验与借鉴[J].城市规划，2002.

[130] 赵晔.吴越春秋全译：修订版[M].贵阳：贵州人民出版社，2008.

[131] 亢亮，亢羽.风水与城市[M].天津：百花文艺出版社，1999.

[132] 王晓茜.生态建筑设计理论与应用研究[D].东南大学，2002.

[133] 管子·水地.

[134] 吴师孟.导水记.同治《重修成都县志》，卷十三·艺文志。

[135] 席益.导渠记.同治《重修成都县志》，卷三·艺文志。

[136] 赤城集·州治浚河记.

[137] 叶适.东嘉开河记.水心文集,卷十.

[138] 林景熙.州内河记.嘉靖《温州府志》.

[139] 《蜀中名胜记》卷四·成都府.

[140] 嘉靖《温州府志》,卷之一,城池.

[141] 嘉靖《温州府志》,卷之一,城池.

[142] 本方舆胜览,卷之九,瑞安府,形胜.

[143] 叶适.叶适集[M].北京:中华书局,1961.

[144] 嘉靖温州府志·建置·城池.

[145] 杨代欣.漫话成都.成都市城市科学研究会编.名城成都的保护与发展,1987: 94-101.

[146] 陈正祥.中国文化地理[M].北京:生活·读书·新知三联书店,1981.

[147] 古今图书集成·考工典·城池.

[148] 王应山.闽都记,卷二,城池总叙.

[149] 朱维平.福建史稿[M].福州:福建教育出版社,1984.

[150] 春明梦余录,卷一。

[151] 吴壮达.台湾地理[M].北京:生活·读书·新知三联书店,1957.

[152] 李乾朗.台湾建筑史[M].台北:雄狮出版有限公司,1995.

[153] 马可波罗口述.马可波罗游记[M].福州:福建人民出版社,1981.

[154] 陕西会馆碑记.明清苏州工商业碑刻集[M].南京:江苏人民出版社,1981.

[155] 姜清.姜氏秘史[M].杭州:浙江人民出版社,1985.

[156] 陶莉,宋桂友.阅·美苏州[M].北京:外语教学与研究出版社,2020.

[157] 政协江苏省委员会编.江苏大运河文化[M].南京:江苏凤凰美术出版社,2021.

[158] 张焕强. 回望姑苏·苏州古城的前世今生 [M]. 苏州: 苏州大学出版社, 2020.

[159] 任天漫. 中国古代府县城市自然适应性研究 [D]. 重庆大学, 2014.

[160] 徐倩. 古代苏州区域山水环境的构成与发展研究 [D]. 北京林业大学, 2016.

[161] 俞绳方. 宋《平江图》与古代苏州城市的规划与布局 [J]. 中国文化遗产, 2016.

[162] 韩光辉. 古今北京水资源考察 [M]. 北京: 中国国际广播出版社, 2020.

[163] 张玥. 城市碎片 [M]. 北京: 北京大学出版社, 2018.

[164] 杨锐, 刘海龙, 庄优波, 袁琳. 水脉·文脉·城脉 [M]. 北京: 中国建筑工业出版社, 2021.

[165] 徐丽娟. 中国古代都城自然适应性研究 [D]. 重庆大学, 2014.

[166] 李映发. 岷江与都江堰对成都平原生存环境的影响——从历史考察的角度 [J]. 西华大学学报（哲学社会科学版）, 2013.

[167] 鲍颖建, 等. 郑韩故城军事防御体系综合研究 [M]. 郑州: 河南人民出版社, 2020.

[168] 孙盛楠. 从历史水系变迁看开封城市特色塑造 [D]. 河南农业大学, 2014.

[169] 郭峰. 隋唐五代开封运河演变与城市发展互动关系研究 [D]. 陕西师范大学, 2007.

[170] 葛奇峰. 大运（汴）河开封段考古调查与研究 [M]. 郑州: 河南大学出版社, 2018.

[171] 李久昌. 古代洛阳都城空间演变研究 [D]. 陕西师范大学, 2005.

[172] 孙盛楠. 从历史水系变迁看开封城市特色塑造 [D]. 河南农业大学, 2014.

[173] 刘跃进.邺城考古与文化论集[M].北京:中国社会科学出版社,2021.

[174] 张博.论曹魏邺城部分功能区布局的地理因素[A].中国古都学会,2017.

[175] 贾鸿雁.中国历史文化名城概要[M].南京:东南大学出版社,2020.

[176] 陈筱,孙华,刘汝国.曲阜鲁国故城布局新探[J].文物,2020.

后 记

近年来关于中国古代城市形态研究取得了一些的研究成果，由于在研究的方法中存在各种问题，因此关于中国古代城市形态研究在总体上来说并没有突破性进展。在今后中国古代城市形态的气候的适应性研究中，将从以下的几点入手：

（1）史料的挖掘和整理工作。之前大多关注于正史。以往对地方志等基本资料，没有进行太多真正的整理。对于中国古代城市形态研究来说，地方志是直接的史料，具有无法替代的价值。对地方志的研究将会成为基于气候适应性的中国古代城市形态的研究基础，因此推出的结论将更具有真实度。

（2）加强分析能力的培养。之前关于气候适应性的研究中存在的诸多问题，主要原因是逻辑的训练缺失和基于史料分析能力上的缺失。